鳥のお医者さんのためになるつぶやき集

JN046246

横浜小鳥の病院院長
海老沢和荘

はじめに

Twitterで毎日つぶやきはじめてから、早1年以上が過ぎました。

情報発信をしようと思ったきっかけは、鳥という生き物の知識、飼い方、医療の情報が飼い主さんにうまく届いていなかったり、間違った知識が広がっていると実感することが多くなってきたからです。現在は、Twitterをはじめとした SNS で飼い主さんどうしの活発な情報交換がなされています。しかし人は情報源があやふやでもSNSで見かけた情報を信じてしまうことが多いものです。たとえば獣医師が思い込みで発したことでも、「動物病院で○○は与えない方がよいと言われた」と飼い主さんが書き込めば、それが噂となって広がり、いつの間にか正しい情報として飼い主さんの間で広がっていることがあります。ネットの記事も転載を繰り返して元の情報とは異なるものになっていたり、元論文とは異なる和訳になっていることもあります。

このように情報源には、個人的見解から科学論文によるエビデンスがあるものまで、さまざまなものがあります。情報を見ても本当に正しいかどうかを見極められなければ、鳥にやってはいけないこと、与えてはいけない物などがどんどん増えてしまいます。

しかし鳥の正しい情報が書かれた書物の少ない日本では、飼い主さんにはその情報の真偽を確かめるすべがありません。そこで毎日少しずつでも飼い主さんに正しい知識を身につけてほしいという想いではじめたのがTwitterでの情報発信でした。

私は高校生のときにブルーボタンインコを飼っていました。名前はポコちゃん。その頃の情報源といえば、繁殖家による飼育書のみで、鳥を飼う人どうしの情報交換など皆無でした。ポコはとてもおとなしい性格で、部屋の中でもあまり飛び回りません。肩に乗せていれば飛び立つこともなく、いつまでもじっとしている子でした。

当時の私は、ボタンインコは飛ばない性格なんだと思い込み、庭先で肩に乗せて過ごしていました。SNSがあればそんな姿を自らアップして、だれかに怒られていたことでしょう。しかしその当時、私を注意する人はいませんでした。

そしてある日、事件が起こりました。鳥という生き物を理解していれば当然ですが、庭で一緒に過ごしているときに突然、ポコが飛び立ってしまったのです。垂直に飛び上がり、そのまま見えなくなるまで飛んで行ってしまいました。必死になって探しましたが、今のように迷い鳥の情報を拡散するすべはなく、自転車で行ける範囲に張り紙をするくらいです。結局、再会することは叶いませんでした。毎晩涙で枕を濡らしたことを今でも覚えています。今もふとしたときに思い出し、涙がこぼれます。

ポコの一件で、たった1羽の飼育経験による思い込みがどれほど危険なものか、身をもって学びました。こんな想いはもうだれにもしてほしくないとも思います。

〝tweet〟とは、鳥がさえずるという意味です。そんなところも気に入って情報発信ツールに選びました。今では多くの方にフォローしていただき、発信情報に目を通してもらえることに感謝をしています。今回の本では飼い主さんに知ってほしいツイートを厳選し、さらにTwitterの文字制限では伝えきれない詳細な解説を添えて1冊にまとめました。愛鳥とのバードライフにお役に立てていただければ幸いです。

2021年10月

横浜小鳥の病院院長
海老沢和荘

Contents

第2章 鳥の心を知る♡

第3章 鳥の体を知る

第4章 病院・病気を知る

本書は、著者のX（Twitter）@kazuebisawaから抜粋、加筆・修正して構成しています。

第1章

お世話のコツ

毎日のお世話こそ、
飼い主さんの大事なお仕事です。
最新の科学情報や研究結果に基づいた
お世話が鳥の健康を支えます。

無理にケージカバーを掛けない

ケージカバーを掛けるタイミングは注意が必要です。人がまだ起きていたり、帰ってきたばかりのときに掛けてしまうと、なんで見えないの？ なんで相手してくれないの？となります。鳥がまだ活動的なら、すぐ寝かせるよりもコミュニケーションを大切にしましょう。ただしあまりの夜ふかしは禁物です。

人生の幸せは１日１日の積み重ねです。毎日今日も楽しかったと終えられれば総じて幸せな人生だと言えますよね。ケージの外の楽しさを知る鳥にとって放鳥や人とふれあう時間はとても大切です。帰宅時に鳥が出たそうなら遅い時間でも放鳥してから寝かせます。楽しく１日を終えられるようにしましょう。

発情を抑えるために早く寝かせようとして、帰宅してすぐにケージカバーを掛けてしまう方もいますが、あまり推奨できません。発情を抑える目的だけを考えると、理論的に早く寝かせることは正しいことです。しかし、鳥は感情豊かな動物ということを忘れてはいけません。

鳥の目線で、幸せで健康な生活のあり方を考える

鳥の目線で考えると、飼い主さんの帰宅を心待ちにしていたのに、たくさんふれあえずにケージカバーを掛けられしまうことは、期待外れでショックなできごとではないでしょうか。鳥の持つ欲求が満たされず、ストレスにつながります。

ケージカバーを掛けるのは、鳥が眠そうだったり、すでに寝ているのならば問題はありません。まだ鳥が活動的なのにケージカバーを掛けて強制的に暗くし、かつ、人がまだ起きていて、鳥に生活音や話し声が聞こえてしまうと、人が見えないことの方が大きなストレスになります。

ストレスが強くなると毛引きになることも

来院したコザクラインコで、朝にケージカバーを取ると羽がたくさん落ちているというケースがありました。診てみると、体のあちこちを毛引きしています。ふだん、飼い主さんは夜10時に帰宅しており、発情抑制のために帰宅してすぐにケージカバーを掛けているとのことでした。そこで、ケージカバーを一切使わずに、帰宅後は鳥が満足するまでコミュニケーションを取り、寝るときも飼い主さんが見える場所に移動してもらいました。するとコザクラインコは徐々に毛引きをやめ、羽もきれいに生えそろいました。

日々のストレスが重なると、ある日突然毛引きを始めることがあります。幸せは、満足した日々が続くことによって感じることができるものではないでしょうか。鳥が毎日、今日も楽しかったと満足して1日を終えられるように心がけましょう。

だからといって夜ふかしや夜型の生活は体のバイオリズムが崩れるので禁物です。人も鳥も健康のために早めに寝るようにしましょう。人が寝てしまえば、鳥も一緒に寝てくれます。食事制限をきちんと行えば、生活時間が少し長くなったとしても強い発情刺激となることはありません。

水浴びのひみつ

水浴びの目的は保湿のほか、羽の汚れを落とす、体温を下げる、ストレス解消などがあります。フィンチ類は羽のコンディションを保つために水浴びが必須です。水浴びをしないと羽がヨレてきます。温度が高く湿度が低いと水浴びが増える傾向がありますが、種差と個体差がかなりあります。

もともとの生息地によって水浴びの頻度は異なる

インコ・オウム類、フィンチ類にとって水浴びは、羽の汚れを落としてコンディションを正常に保つのに欠かせないものです。ほかにも皮膚の保湿、体温を下げる、ストレス解消などの役割があります。基本的にインコ・オウム類は水浴びをしなくても、肉眼で見てわかるほど羽のコンディションが悪くなることはありません。しかし、水浴びの頻度を考慮するには、鳥がもともと生息していた地域の降水量について考える必要があります。

たとえば、熱帯雨林気候地域に生息するタイハクオウムやコンゴウインコ、

ボウシインコ、ヨウム、ローリー類。これらの鳥は健康であれば週に2回程度の水浴びが必要です。野生下では降雨による水浴びが一般的なので、飼っている鳥が嫌がらないようであればシャワーを使うこともできます。水浴びの頻度やその方法については個体差があるので、鳥が喜ぶかどうかで決めましょう。

ステップ気候やサバナ気候地域に生息するセキセイインコやオカメインコ、キバタンなどは水浴びの頻度は少なくても問題がありません。飼い主さんが積極的に水浴びに誘うのではなく、鳥がやりたがるタイミングで水浴びをさせれば大丈夫です。反対に、頻繁に水浴びしすぎると羽のコンディションが下がることがあるので注意が必要です。

フィンチ類のなかでも熱帯雨林気候地域に生息する文鳥は、特に水浴びが必須で、水浴びの頻度が足りないと羽がヨレたり、おしりが汚れてきます。毎日でも行った方がよいでしょう。同じフィンチでもステップ気候地域に生息するキンカチョウやコキンチョウなどは、水浴びを頻繁にしなくても羽がヨレることはありません。鳥が好む程度に水浴びをすれば大丈夫です。

水浴びを好む子がしないときは環境の確認を

鳥種と水浴びの頻度の違いは、尾脂《びし》腺の分泌物の量と質が関係している可能性がありますが、まだはっきりとはわかっていません。フィンチ類は上からかけるシャワーのような水浴びではなく、脚まですべて入れる容器で、全身から排泄孔周囲の汚れまで取れるような水浴びをさせるのが理想的です。

しかし、なかにはフィンチであっても水の中に入るのを怖がる個体もいます。本来であれば仲間が水浴びをしているのを見て学習しますが、その学習の機会がなかったために怖がっている可能性があります。こうしたケースは、飼い主さんが鳥を保定して排泄孔周囲についた目に見える汚れを洗い流してあげましょう。ただし水浴びがうまくできないためではなく、多尿や便の調子が悪い、便切れが悪くてもおしりが汚れることがあります。汚れがひどい場合は病院で診てもらいましょう。

また、気温が高いときやストレスがあるときは水浴びの頻度が上がる傾向にあるようです。ふだんよりも水浴びをしたがるようだったら、飼育下の温度が適切かをチェックし、退屈している時間が多すぎないか気を配ってみましょう。

パニックの理由

驚くことがあったときに状況判断しようとする鳥と状況判断する前に逃げようとする鳥がいます。すぐに飛んで逃げようとする鳥はパニックになりやすく翼をケガしやすいです。特に夜間は見えないので暴れ続けてしまうことがあります。夜間パニックを起こしてしまった場合は電気を点けて落ち着かせましょう。

鳥も人も経験から対処方法を見つけよう

地震や雷など突然驚くことがあった際、鳥の行動は大まかに2パターンに分かれます。すぐに飛び立とうとせずに緊張しながらも周囲を確認して状況判断するタイプと、反射的に飛び立ってしまいケージ内でパニックになったり、壁に激突してしまうタイプです。どちらの行動をとるかは、経験と個性によります。初めてのできごとは何が起きているのかわからないために緊張してしまいますが、何度か経験して命にかかわるような事態に陥らないんだということを経験して学習すると、だんだんと緊張しなくなります。

しかし何度経験しても慣れないものもあり、瞬間的に体が動いてしまう個性の持ち主の場合は、状況判断をせずに逃げることを優先します。このため、驚くたびにパニックになる鳥がいます。これは鳥種によっても傾向がありますが、同じ種内でもさまざまな個性があります。パニックを起こしやすい場合は夜間であればすぐに電気を点けて明るくし、状況判断しやすくしてあげましょう。

声を掛けたり、人の手を出して落ち着かせるなどの行為は、鳥に合わせて行います。人の声や手があることで余計に状況判断できなくなる個体もいます。飼い主さんも鳥の個性を知り、対応できるようにしましょう。

日光浴で健康維持

鳥は尾脂《びし》腺から分泌されるビタミンD前駆物質に紫外線を当てて、変換したビタミンDを摂取しています。このときに必要な波長はUVBといわれており、これはガラスをほとんど透過しません。そのためガラス越しでは日光浴の効果が期待できません。日光浴は直射日光である必要はなく網戸越しでも大丈夫です。

人の食べ物は与えない

鳥が喜ぶことをしたいと考える飼い主さんが多いと思いますが、喜びが大きいほど、その裏にはストレスになる可能性が潜んでいるので注意が必要です。期待は知ることからはじまります。喜びの感情が起こるできごと、たとえば人の食べ物は嗜好性が高く、一度味を覚えるとまた食べたいという期待が出ます。

しかし必ずしも毎回もらえるわけではないとストレスになります。それを知らなければ起こらなかったストレスです。実際に人の食べ物を食べている鳥には毛引きが多いです。安易に人の食べ物は与えないようにしましょう。もし知ってしまったのであれば、人が食べているところを見せないようにしましょう。

ごはん

ペレットでえずく理由

ペレットを食べてえずいたり吐くのは、喉や食道に詰まってしまうことで起こります。原因は丸飲みしたり、急いで一気に食べることです。これを繰り返す場合は、誤嚥《ごえん》の危険があるので、丸飲みできない大きさの粒に変える、逆に砕いて細かくする、少しずつ与えて一気に食べないようにしてみましょう。

ペレットの早食いはトラブルが起きやすい

鳥のペレットの食べ方には個体差があります。①細かく砕いてから飲み込む、②飲み込める大きさまで砕いて飲み込む、③飲み込める大きさであれば丸飲みするなどに分けられます。いずれの食べ方でも食べる速度がゆっくり、もしくは水を飲みながら、ペレットを水に浸してからなどの食べ方であればほとんど問題は起きません。

しかしペレットだけを急いで食べてしまう鳥もいます。まだエサが食道内にあるにもかかわらず、次々と飲み込んでしまうのです。そうするとエサが食道に溜まり、詰まってしまうことが

あります。詰まったペレットを不快に感じると、首をうねらせたり、えずいたり、吐くようなしぐさをして実際に吐いてしまうこともあります。食事中にこのような様子が見られる場合には、誤嚥《ごえん》（食べ物が気管に入ってしまうこと）をする可能性があるので、与え方を変更しましょう。

食事制限をしている鳥は、急いで食べることが多いようです。一回に与える量を減らし、食事の回数を増やすようにしてみてください。

丸飲みしやすい子には　ペレットを細かくして与える

丸飲みしたり、あまり砕かずに飲み込んでしまう場合は、ペレットを細かく砕いて与えるか、丸飲みできないような大きい粒のペレットを与えてかじらせるようにし、様子を見ましょう。

ちなみに、えずくしぐさをした場合に疑われる病気は、メガバクテリア症、トリコモナス症、クリプトスポリジウム症、胃炎、胃腫瘍など（第4章参照）。実に多くの病気が考えられます。えずくのがペレットを食べている間に出る限定的なしぐさなら問題はありませんが、食事をしていないときにもえずきが見られる場合は病院に行きましょう。

ペレットを細かくするのに　おすすめのミル

手動ミル

電動ミル

手動ミルはコーヒー豆専用のもの。電動ミルは乾物をふりかけ状にするもの。ミルのほかにも、すりこぎなどでもかまいません。

ごはん

ペレット食は口の汚れを確認

時折ペレットが合わない鳥もいます。丸飲みして詰まらせてしまうことが一番多いですが、口内炎を起こしてしまうことがあります。口内炎はオカメインコに多く見られ食べカスが口腔内に残りやすいか唾液が多い個体に発生します。嘴が変化することがあるので口角に食べカスが付く場合は注意しましょう。

口角炎・口内炎を引き起こすことも

鳥は口の中が唾液で湿っていることはありませんが、乾燥しないほどの適度な唾液が出ています。唾液量には個体差があり、分泌量が多いと口角に食べカスが付いて口角炎や口内炎を起こすことがあります。特にペレット食の場合は、噛み砕くことで粉末状になったペレットが唾液と混ざり、口角や口内に付着しやすくなります。

口角炎になると口角に簡単には取れないカサブタ状の物が常に付着します。口内炎を起こすと、口腔内が赤くなってベタついた状態になります。口角や口内に常に食べカスがついている場合には、口角と口内を毎日清掃してあげると清潔に保つことができ、炎症の予防をすることができます。

口のまわりのケアは、鳥を保定して中性電解水を染み込ませた細い綿棒で拭います。うまくできない場合は病院に相談しましょう。

オカメインコの口角についたペレットの食べカス。口角に汚れがある。

ごはん

豆苗はおすすめの野菜

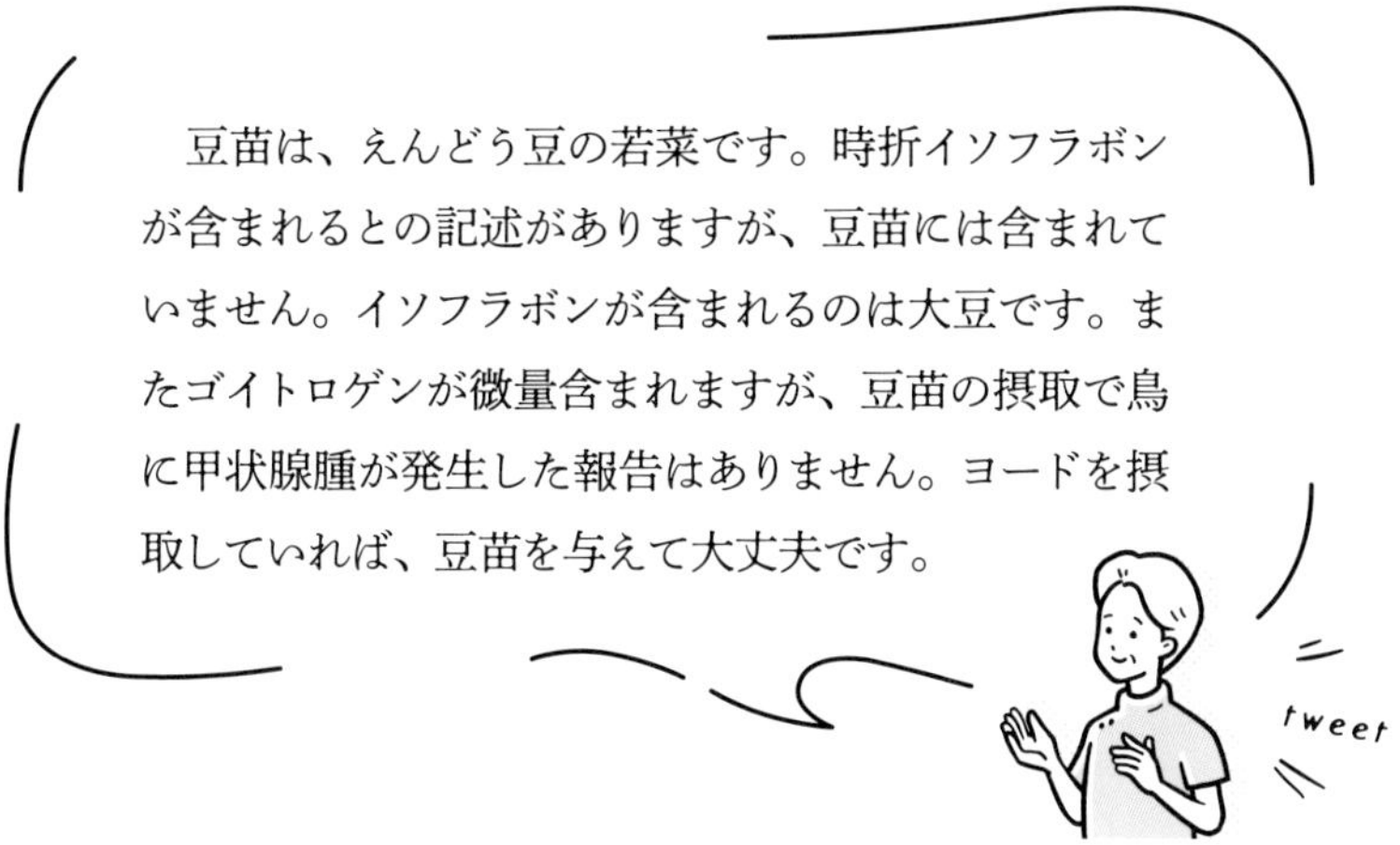
豆苗は、えんどう豆の若菜です。時折イソフラボンが含まれるとの記述がありますが、豆苗には含まれていません。イソフラボンが含まれるのは大豆です。またゴイトロゲンが微量含まれますが、豆苗の摂取で鳥に甲状腺腫が発生した報告はありません。ヨードを摂取していれば、豆苗を与えて大丈夫です。
tweet

豆苗は栄養価が高く発情は誘発しない

豆苗は、えんどう豆のスプラウト（発芽野菜）です。豆苗は種子の状態と比べてカロテンが31倍、ビタミンEが16倍、ビタミンKが13倍、葉酸は5倍に増加します。スプラウトは種子や親野菜より栄養や酵素をたっぷり含んだ状態なので、鳥におすすめです。豆苗を食べると発情しやすいとの誤った情報は、豆苗にもイソフラボンが含まれていると勘違いした情報発信です。イソフラボンは植物性エストロゲンといわれ、女性ホルモン様作用を持ちますが、イソフラボンが含まれているのは大豆で、同じマメ科の植物でもえんどう豆には含まれていません。

また甲状腺誘発物質であるゴイトロゲンが含まれているために与えてはいけないとの情報がありますが、豆苗に含まれるゴイトロゲンは微量であり怖がる必要はありません。小松菜やチンゲン菜、キャベツといったアブラナ科植物にもゴイトロゲンが含まれていますが、ヨードを与えていれば甲状腺になることはありません。ヨードはサプリメントのネクトンS®に含まれているので、シード食の場合は与えた方がよいでしょう。ペレットにはヨードが含まれているので、追加してヨードを与える必要はありません。

ごはん

シードの栄養価を知ろう

カナリーシードは肥満の原因といわれますが、そんなことはありません。脂肪は6.7%でほかの穀類に比べてやや高い程度です。注目すべきはタンパク質の含有量で21.3%も含まれています。シードに10 〜 20%混ぜることで不足しがちなタンパク質を増やすことができます。ただしそれでも主食はペレットの方がおすすめです。

カナリーシードは タンパク質が豊富

昔からカナリーシードは、肥満の原因になると言われてきました。しかし実際にはカロリーが極端に高いわけではなく、嗜好性が高いために鳥が多く食べてしまうので肥満の原因と考えられてきたのではないでしょうか。

カナリーシードの脂質は6.7%です。ヒエの3.3%に比べれば高めですが、アサノミ(28・3%)、エゴマ(43・4%)、ヒマワリ(51%)に比べれば低脂肪なのがわかります。タンパク質含有量が多いのも特徴で、21・3%も含まれています。ちなみにヒエにはタンパク質が9.4%しか含まれていません。タンパク質は穀類では不足しがちなので、シード食の場合はカナリーシードを10〜20%混ぜることで補うことができます。しかしカナリーシードだけでは必須アミノ酸をすべて補うことはできません。ペレットも食べられるようにしておけば、栄養面は安心です。

カナリーシード
イネ科クサヨシ属。

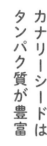

シード別・早わかり栄養一覧表

一般的なシードの栄養素を一覧表にまとめました。
それぞれのシードの特性を知っておきましょう。

（単位：%）

	水　分	たんぱく質	脂　質	炭水化物	灰　分	kcal
ア　ワ	13.3	11.2	4.4	69.7	1.4	346
ヒ　エ	12.9	9.4	3.3	73.2	1.3	361
キ　ビ	13.8	11.3	3.3	70.9	0.7	353
カナリーシード	–	21.3	6.7	68.7	2.6	399
エンバク	10.0	13.7	5.7	69.1	1.5	344
ソ　バ	13.5	12.0	3.1	69.6	1.8	339
キヌア	12.2	13.4	3.2	69.0	2.2	523
エゴマ	5.6	17.7	43.4	29.4	3.9	350
アサノミ	4.6	29.9	28.3	31.7	5.5	450
ヒマワリ	4.7	20.8	51	20	3	584

※カナリーシードの値は“Canary Seed Development Commission of Saskatchewan,2016”より作成。
※ヒマワリの値は米農務省ホームページより作成。
※カナリーシード、ヒマワリ以外の値は日本食品標準成分表2020年版（八訂）より作成。

青菜を与える理由

青菜を与えたい理由は、βカロチンの摂取とエンリッチメントです。βカロチンは抗酸化作用があり、摂取後ビタミンAに変換されます。必要な分だけ変換されるため過剰症になることはありません。そして生鮮野菜を食べることは楽しみの1つになります。

数種類のペレットを試そう

ペレットを主食にする場合は1つのメーカーだけでなく、いくつかのメーカーを食べられるようになっておくと安心です。推奨されるメーカーは海外製の物になりますが、材料変更やロットによる味・粒の大きさ・固さの変化で食べなくなったり、製造や輸入の遅延によって欠品することがあるからです。

果物の種の中毒に注意

リンゴ、梨、桃、プラム、サクランボ、アンズ、梅、ビワなどの種にはアミグダリンが含まれており、食べると体内でシアン化物という毒に変化し中毒を起こします。中毒を起こすと呼吸困難、嘔吐、徐脈、意識消失などが見られます。食べてはいけないと書かれていることがありますが、果肉は食べても大丈夫です。

アボカドは鳥に有毒

アボカドに含まれるペルシンは殺菌作用のある毒素で、人には無害ですが、鳥にとっては有毒です。致死量は鳥種や個体差によって異なりますが、セキセイインコは1gの摂取で直ちに症状が現れ、24～47時間以内に死に至るとの報告があります。症状は主に嘔吐と呼吸困難です。口にしないよう十分注意しましょう。

ボレー粉は吸収率が悪い

ボレー粉には47.5%のカルシウムが含まれます。ボレー粉のカルシウムは酸化カルシウム（生石灰）であり、摂取後に水と反応して強アルカリの水酸化カルシウム（消石灰）になります。ボレー粉は胃内で溶けにくくグリットとして利用されています。そのためカルシウムの補給源としては効率がよくありません。

カトルボーンがおすすめ

カトルボーン（イカの甲）はコウイカの貝殻です。主成分は炭酸カルシウムで85%含まれます。その他マグネシウム、リン、亜鉛、鉄、コバルト、銅、マンガン、ナトリウム、カリウムなどのミネラルとキチン・キトサンが含まれます。内部はもろく胃に優しいので、ボレー粉よりもおすすめです。

起きてすぐ食べると太りやすい

野生の鳥が過剰に食べないのは、食事前に飛んでいるからと言われています。運動すると交感神経が優位になるので、食欲が過剰に出なくなります。飼い鳥は食事前に十分な運動をしないので、食べすぎる傾向があります。肥満が見られる場合は、食事制限だけでなく、飛ばせるようにしましょう。

鳥も運動後の食事が理想的

野生では夜間はねぐらで休み、夜が明けるとエサ場に飛んで行き採食します。本来であれば、飛んで体を動かしてから食事をしているというわけです。体を休めているときは副交感神経が優位になっていますが、体を動かすと交感神経が優位になります。

つまり鳥はもともと、交感神経が優位な状態になってから食事をしているのです。これは多くの動物にあてはまります。野生ではエサを求めて移動しなければ食事にありつけません。こうした背景が過剰な食欲を抑えることを可能とし、野生動物が肥満にならない理由と考えられています。

一方、ケージで飼われている鳥は、朝起きてからすぐにエサを得ることができます。体をしっかり休めているので副交感神経が優位になっており、食欲が出やすくなっています。この食欲亢進《こうしん》状態（食欲が旺盛になりすぎていること）で食事制限をしてしまうと飢餓状態になってしまいます。これでは心身ともにストレスになります。

理想的なのは、食事前に強度の強い運動（24〜25ページ参照）をさせてから食事をすることです。肥満や発情の抑制につなげることができます。

運動

積極的に運動を！

食事制限を限界までしても痩せなくなることがあります。体が省エネ状態となっており無気力で動きたがらなくなる状態です。これを避けるには運動も並行して行う必要があります。エサでおびき寄せて連続して飛ばせることを朝晩２回５分間から始め、息切れするくらい運動させることで効果が期待できます。

運動に慣れてきたら運動時間と回数を増やします。体調を確認しながらやりましょう。もちろん健康状態がよくない場合や高齢の場合は無理にやらない方がよいです。運動自体のカロリー消費はさほど高くありません。運動の目的は代謝を上げることです。代謝が上がると摂取量を増やすことができます。

鳥の健全なストレス解消方法は飛ぶことです。一人遊びが好きな子は自ら活発に飛びますが人をペアと認識している子は同じ行動を取るので飼い主さんが動かなければずっと一緒にいます。そのため放鳥していても運動にはなっていません。飛ばせるためには飼い主さん自身が移動して飛ぶ動機付けをしましょう。

食事制限が招く「省エネ状態」を運動で回避

食事制限をすると、体は代謝を下げて脂肪を蓄積しようとし、鳥自身もなるべく動かないようにしてカロリー消費を減らそうとする「省エネ状態」になることがあります。この状態になると、食事量を限界まで減らしても痩せなくなってしまいます。省エネ状態は副腎皮質から分泌される副腎皮質ホルモン（コルチコステロン）によって引き起こされます。体を飢餓から守ろうとする防御反応で、自然な体の反応ともいえます。

　省エネ状態を回避するには、運動が最も効果的です。しかし長時間の運動を行わない限り、カロリー消費は限定的です。運動の目的はカロリー消費以外にも、基礎代謝とメンタル面の向上があります。運動によって交感神経が刺激されるとノルアドレナリンが分泌されて基礎代謝率が増加します。また運動による血圧上昇によって血流がよくなると、脳内のカテコールアミンの分泌が促進されて、メンタル面の向上とストレス解消にもなります。

　一人遊びが好きな子は自ら活発に飛びますが、それでも家庭内で鳥自身が進んで十分な運動をすることはほとんどありません。十分な運動量を確保するには飼い主さんが鳥に運動をさせる役割を担う必要があります。これを「運動の動機付け」と呼びます。

飼い主さんが鳥を運動に誘うことで運動量アップ

①運動の動機付け：エサを見せる

運動の動機付けとは、一言で言って

好きなシードやおやつなどを鳥に見せる。
鳥から離れた場所で見せ、運動を促す。
徐々に距離を離すと運動量を強化できる。

しまうとエサで鳥を誘うことです。空腹の状態でエサを見せると飛んでくる鳥は多くいます。この状況を利用するのです。飼い主さんが手におやつなどを持ち、鳥に見える状態で呼びます。少し離れた場所からやるのがよいでしょう。鳥が飛んで来たら一粒与え、また距離を置いて再びおやつを見せて鳥を呼びます。これを繰り返すことで、鳥を連続して飛ばせることができます。

②運動の動機付け：人を追わせる

もしおやつを見せても飛んでこない場合は、飼い主さんが姿を隠してみてください。人が居なくなると追いかけてくる鳥もいるので、そうした場合に有効です。また、鳥が飼い主さんをペアと認識している場合は、ペアと同じ行動を取ろうとします。人が移動して追いかけさせる方法も有効です。

③運動の動機付け：飼い主さんの体で運動させる

それでも飛んでこない場合は、手や指に鳥を止まらせて、飛び立たない程度に下に下げて羽ばたかせることを繰り返すと、翼を使った運動をすることができます。翼や肩関節に障害があって翼を動かすことができない場合は、おやつで誘いながら走らせたり、人の服をよじ登らせたりすることでも運動させることができます。

運動は、朝晩5分ずつから始め、鳥が息切れするくらい強度の強い運動をさせることで効果が期待できます。運動に慣れてきたら、回数や1回の時間を増やすとさらに効果的です。病気や換羽中で調子が悪い、おなかに卵がある場合は運動は不要です。老齢で体力がない場合には、運動強度が強くなりすぎないように気をつけましょう。

手にシードやおやつを持ち、鳥に見せながら飼い主さんの服をよじ登らせる。あまり飛ばない・歩くのが好きな子におすすめ。

指に止まらせた状態で、指をできるだけ下に下げる。翼の羽ばたき運動を促す。

温度管理と強い体の関係

温度変化による体調不良を防ぐには①周りを変える、②体を変えるの２つがあります。①一定の温度に調整することで体調不良を防ぎますが自律神経の切り替えが弱くなります。②温度変化に体が対応できるように温度差のある環境で飼うと自律神経の切り替えがスムーズにできるようになります。

〈 体温が下がると… 〉

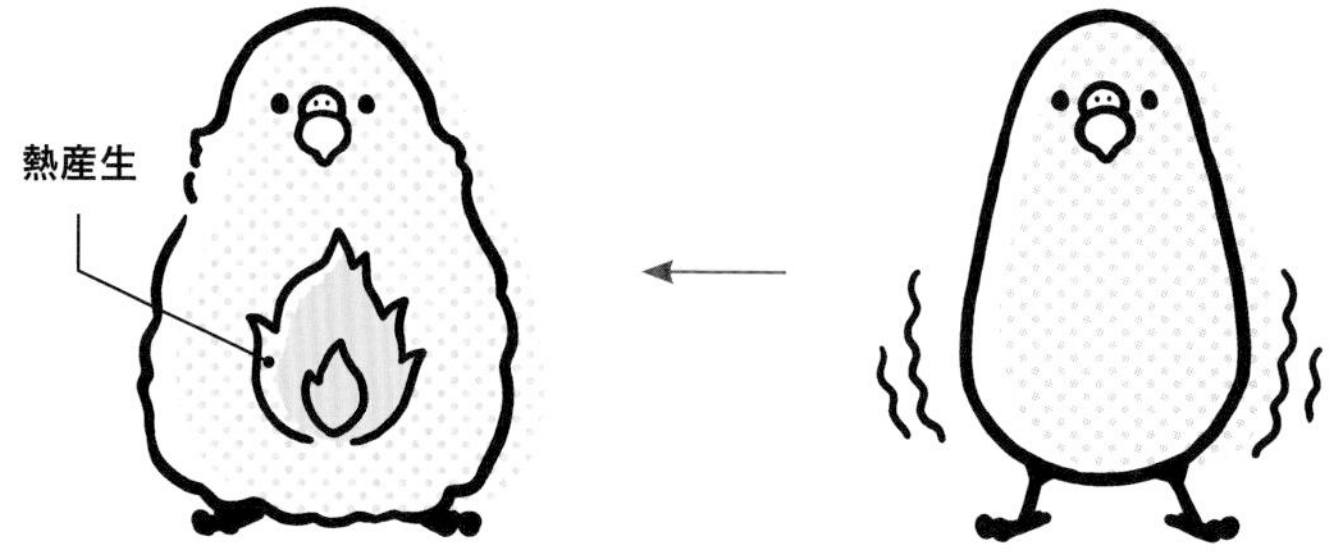

体内で熱産生を行い、膨羽で断熱する。

〈 体温が上がると… 〉

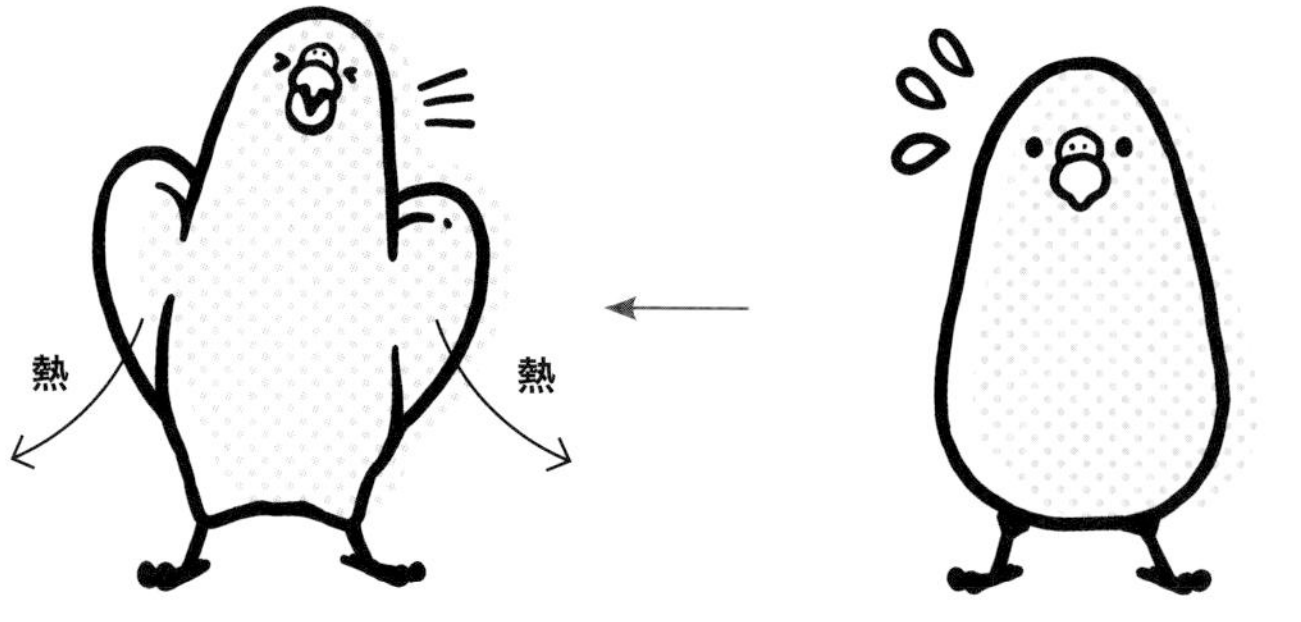

体の熱産生を最小限にし、呼吸と放熱で熱を逃がす。

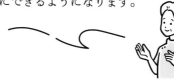

自律神経は恒常性に重要な働きをしています。恒常性は体が一定の状態を維持しようとする働きのことです。たとえば体温が下がれば体は体温を上げて体温を維持しようとします。自律神経の切り替えが弱いと体温が下がったときに体温の上昇が遅くなります。体調と年齢によって①と②のバランスを考えましょう。

鳥には温度変化に耐える本来の自律神経の働きがある

野生の鳥は、自然環境の温度変化に対応できる強い体を持っています。強い体を持たずに生まれた鳥は自然淘汰圧によって生き残ることができません。

鳥のような恒温動物は常に体温が一定に保たれるよう、体温調節機能が備わっています。体温が下がると自然に体が熱産生を行い、膨羽で断熱し正常な体温を維持します。体温が上がると体の熱産生を最小限にし、呼吸による蒸散で熱を放出して正常体温を維持しようとします。

このように体の状態を一定に保つことを「恒常性」といます。恒常性の一端を担うのが自律神経です。自律神経には交感神経と副交感神経があり、前者は血管の収縮、脂肪組織での代謝促進、心拍数の上昇によって体温を上昇させます。後者は交感神経の働きを抑えることで血管を拡張させ、熱産生を抑えて体温を低下させます。

ところが、飼い主さんが日常的に環境温度を調節しすぎると、鳥の自律神経が働く機会が少なくなり、急な温度変化に対応するのが難しくなってしまいます。鳥が冷えないように常に温かい温度に保つのは当たり前の行動に思いがちです。しかし目先の体調不良を防ぐことはできますが、健康な鳥を弱い体にする原因にもなるのです。将来を見すえた強い体づくりをするには、温度差のある環境下で日常的に強度の強い運動を行い、自律神経の働きをよくすることが大切です。しかしこれは健康体の場合です。病気や換羽の鳥、シニア鳥は必ず環境温度の調節をしましょう。

複数羽飼いは同種が理想的

　複数羽飼いする場合は同種が推奨されています。他種どうしでは社会的交流がうまくいかないことが多く欲求不満を起こします。同種の場合でも１羽ずつ人が育てると鳥どうしのコミュニケーション力が下がることが報告されています。複数羽飼いする場合は同種と同居しながら挿し餌をするか共同育雛を行いましょう。

鳥種の差はコミュニケーションの差

　コンパニオンアニマルとしての鳥のかわいさ、美しさ、感情の豊かさに魅了されると、違う種類の鳥も飼ってみたくなる飼い主さんも多いのではないでしょうか。しかし鳥種が違うと、コミュニケーション方法が異なるため、よい関係性を築けないことがあります。他鳥種どうしでは社会的交流がうまくいかず、互いにストレスになってしまうケースがあるようです。

　たとえばコザクラインコのペアは密着するのを好みますが、オカメインコはペアでも常に密着することはなく、少し距離を保ちます。互いの羽づくろいに費やす時間も鳥種によって異なるため、相性によっては羽づくろいの過剰や不足が、不満につながります。

人に育てられた鳥は同種に対してコミュ力がない

　同じ鳥種で複数羽飼いをしている場合でも、鳥種間のコミュニケーションがうまくいかないことがあります。それは、鳥のヒナが人に育てられたケースです。たとえば、すでに鳥を飼っており、新たに同種で、かつ人に育てられた人工育雛の鳥を迎えたとしましょう。人工育雛の鳥は、人または先に住んでいた同種の鳥をペア候補にします。人をペア候補に選んだ場合は、人がほかの鳥と交流すると嫉妬するようになります。同種の先住鳥をペア候補に選んだ場合でも、必ずしも相性が合うとは限りません。人工育雛の場合は、同種間の鳥で通じ合うコミュニケーション方法を学んでいないため、同種にもかかわらず相手に受け入れてもらえないことも起こり得るのです。

鳥が安心して過ごせるコミュニティを用意する

複数羽飼いをすることは、同じ空間の中で鳥どうしのコミュニティが形成されることを意味します。私たち人の場合でも、他者とうまくコミュニケーションがとれず、受け入れてもらえないコミュニティ内で生活することはストレスがかかるはずです。日常生活において、なるべく飼い鳥にとって穏やかな関係性のコミュニティを用意できるかが飼い主さんの重要なミッションともいえるでしょう。鳥が安心して暮らせるコミュニティをつくるためには、まずは同種の鳥どうしを住まわせることがポイントです。

ヒナのうちから鳥どうしで過ごさせる

そして、ヒナのときから同種の鳥どうしで過ごし、同種間のコミュニケーション方法を学ぶ必要があります。

比較的簡単に行えるおすすめの方法が、ヒナを2羽以上同居させて育てることです。本来、鳥は巣の中で親鳥ときょうだいと共に過ごすことでコミュニケーションを学びます。親鳥はいなくとも、最低でも同種のヒナと一緒に育つことで、鳥どうしの距離感や感触、コミュニケーションを学ぶことができます。

おすすめは共同育雛法

最も推奨されるのは、「共同育雛法」です。これは親鳥がヒナを育てているそばで、日に数回、人が巣からヒナを出して触り、人にならす方法です。親鳥が人によくなれていることが条件で、かつ自家繁殖の労力もかかります。しかし、鳥にとっては親鳥の愛情を受けながら同種間のコミュニケーションを学ぶことができ、人にもなれることができる理想的な育雛方法です。

ヒナ

ヒナが鳥の成長期

インコ・オウム類やフィンチ類の成長期は、巣立ちする日齢でほぼ終わります。哺乳類のように成長期は長くなく、巣立ち以降成長することはありません。ヒナのときの栄養状態は、体格や体質など、一生を左右しますので、巣立ち近くの日齢になるまでは、昼間空腹にならないようしっかりと食べさせましょう。

鳥の体は巣立ち以降ほぼ成長しない

　鳥の成長期は、哺乳類のように長くありません。たとえば犬の成長期は小型犬で8～10か月、大型犬で15～18か月ですが、鳥の成長期は巣立ち時期で終わります。インコ・オウム類の小型鳥では30～40日、中型鳥で1.5～2か月、大型鳥で2～3.5か月ほどで成長期が終わります。巣立ち以降は体が成長することはないため、巣立ちまでの間は体が要求する栄養をしっかりと摂らせなければなりません。ヒナのときの栄養状態は、一生涯の体格や体質を左右します。

　ヒナを育てる際にペットショップで「1日3回、挿し餌をあげるだけでよい」と言われた方がいました。これは大きな間違いで、親鳥は日に複数回エサをひっきりなしに与えています。ヒナが欲しがればすぐにエサを与えるので、そ嚢《のう》は常に膨らんでいる状態です。そのため人が育てるときも、常にそ嚢にエサが入っている状態を保たなければなりません。

そ嚢はいつもエサが入っている状態に

　1日の挿し餌の回数は、ヒナが1回に食べる量と、そ嚢のふくらみを見て決めます。そ嚢がいっぱいになると、インコ・オウム類は胸のあたり（実際には胸の上部分）が張り出したようになります。フィンチ類は首の右側が同じく張り出ます。1回に食べる量が少なかったり、消化管の通過速度が速い個体の場合は、そ嚢が空になる前に挿し餌をする必要があります。そ嚢はエサが入っているほど通過速度が早く、少なくなると通過速度が遅くなります。

　ヒナが空腹になる、つまりそ嚢が極端に小さくなってから次の挿し餌をするといった情報がありますが、これは間違いです。そ嚢が空になるのを待っていると1日に摂取できるエサの量が減ってしまいます。

　ただし、食滞（※）を起こしていたり、そ嚢内でエサが固まっている場合は、挿し餌の作り方が不適切か、胃腸障害の可能性があります。早めに病院で診てもらいましょう。

　巣立ちが近づくと、あまりエサを欲しがらなくなってきます。体重が少し下がりますが、挿し餌の回数を減らして、一人餌に向けた準備をしていきましょう。

※食滞……そ嚢にエサがたまり腐敗して病原体の繁殖を起こしている状態のこと。

親の挿し餌のひみつ

親鳥はヒナにそ嚢《のう》内のエサを吐き戻して与えます。このときにヒナに与えているのはエサのみでなく、そ嚢粘液と細菌が混ざっています。粘液はヒナのそ嚢内でエサが固まるのを防ぎます。特に新生雛には重要で、挿し餌をしても食滞を起こしてうまく育たないことがあります。そして正常な細菌叢《そう》は悪玉菌の繁殖を防ぎます。

親の挿し餌には体を守る細菌が入っている

鳥のそ嚢《のう》は食物を一時的に貯めることができる器官です。そ嚢内には細菌がおり、腸内と同じように細菌叢《そう》（※）を形成しています。細菌の役割は食物を分解してそ嚢内のpHを下げ、悪玉菌の繁殖を防ぐことです。本来、そ嚢の正常細菌叢は、親がエサを吐き戻して与えるときにヒナが摂取するものです。人工孵卵したり、ヒナを親鳥から早く離すとそ嚢内の正常細菌叢が定着できません。感染性の菌の侵入を防ぐことができなくなります。人は出産時に膣内細菌や腸内細菌に接触して正常細菌叢を獲得しますが、鳥類のヒナは親から挿し餌と、親の糞便に触れることで正常細菌叢を獲得しているのです。

また、そ嚢に粘液腺を持つ鳥種もいます。この粘液は食物がそ嚢内で固まるのを防ぎ、消化管の食物輸送をスムーズにする役割があります。どの鳥種が粘液腺を持っているかの研究は少ないですが、イエスズメに見つかっているため、同じスズメ目の文鳥などは粘液腺を持っている可能性があります。ワカケホンセイインコには見つかっていないことが研究により判明しているので、オウム目の鳥は粘液腺を持っていない可能性があります。

※細菌叢……特定の環境で一定のバランスを保ちながら、さまざまな細菌どうしが共存している細菌の集合群のこと。

ヒナにはフォーミュラを

ヒナの挿し餌にはフォーミュラフードが推奨されます。小型鳥だと、アワを挿し餌している方が少なくありません。アワのみだと必須アミノ酸や必須脂肪酸、ビタミン、ミネラルが不足します。フォーミュラで育てた鳥は明らかに体格が大きくなります。ヒナのときの栄養は生涯影響しますので注意しましょう。

市販アワ玉は栄養が乏しい

フォーミュラフードがなかった時代には、挿し餌にアワ玉が使われていました。アワ玉は、アワに卵をまぶして乾燥させたものです。アワだけではヒナの成長期に必要な栄養を補えないため、アワ玉を作って与えていたのです。アワ玉は日持ちしないため、ヒナを育てる直前に作られていました。しかし市販のアワ玉が発売されてからはこの習慣がなくなり、購入してそのまま使う方が増えてしまいました。市販のアワ玉には卵が少量しかまぶされておらず、ただのムキアワと栄養はほとんどかわりません。そのため、市販のアワ玉が主流だった時代は、脚気《かっけ》(多発性神経炎)が多く見られました。今でもその時代の知識で育てようとする方や昔からやり方を変えないペットショップでは、市販アワ玉が使われています。

現在は、総合栄養食であるフォーミュラフードを挿し餌に使用するのが一般的になってきています。フォーミュラフードで育てたヒナは、市販アワ玉で育てられたヒナに比べると明らかに体格が大きくなります。ヒナの成長期は短いので、その間の栄養が生涯影響することを忘れないようにしましょう。

ケイティ社のフォーミュラ。

ヒナ

挿し餌後はペレットに

ヒナのときにフォーミュラの挿し餌をしても、自立させるときにシードにする方がかなりいます。成鳥におすすめする食事はペレットです。自立する頃からペレットのみを与えることで、ペレット食になります。鳥の病気の根底には、栄養不足が関与しています。ペレット食の鳥には、内科疾患がとても少ないです。

ヒナをペレットで一人餌にしようとするとシードよりも食べ出すのに時間がかかることがあります。このときにシードを与えてしまうとペレットを余計に食べなくなりますので、焦らずに食べ出すのを待ちましょう。挿し餌に砕いたペレットを混ぜて味を覚えさせるとペレットを受け入れやすくなります。

長い間、鳥のエサは穀類のみだった

飼い鳥の歴史は古く、江戸時代にはすでに文鳥やカナリヤが飼育されていました。明治時代にはセキセイインコの飼育も始まり、その時代からエサには穀類が使用されていました。長い間鳥のエサに穀類が使われてきたため、「鳥はシードで飼うもの」という固定観念が今でも根強いようです。しかし鳥の栄養の研究が発達するにつれて、シードだけでは鳥の栄養要求量を満たせていないことがわかってきました。そこで開発されたのが鳥用の総合栄養食です。ヒナ用のフォーミュラフードと成鳥用のペレットがあります。

近年、ヒナにはフォーミュラフードを与えることが一般化してきましたが、成鳥になるとシードを主食にする方もまだまだ多く見られます。シードはもちろん悪いエサではありませんが、栄養バランスをとるためには、サプリメントが必ず必要です。これをわかっている方でもつい油断をして、サプリメントが切れたままになっていることがあります。サプリメントを与えなくてもすぐに調子を崩すことがないので、栄養不足を軽く考えている方が多いようです。

一人餌になったらペレットを与える

おすすめしたいのは主食をペレットにすることです。ヒナが一人餌になるときからペレットのみを与えましょう。一度シード食になるとペレットに切り替えるのは苦労することが多いですが、ペレットが主食なら、後からでもシードはすぐに食べてくれます。

インコ・オウム類、フィンチ類は、野生下ではシードを食べているので、シードの方が本能的に受け入れやすいです。自立時にペレット食だとシードよりも一人餌になるのに時間がかかることがありますが、早く自立させようと焦ってシードを与えると、ペレットを食べなくなることもあります。

自立は早い方がいいという説は、「湿ったエサをいつまでも食べさせているとそ嚢《のう》炎になる」という噂から生まれたもののようです。確かに市販アワ玉の挿し餌しかなかった時代は、栄養不足が免疫低下を引き起こし、そ嚢内に細菌とカンジダが繁殖することがありました。現在、適切量のフォーミュラフードを挿し餌に使っている個体は、それらの病気を起こすことは極めて稀です。

また、一人餌の時期が近づいてきたらペレットを砕いてフォーミュラフードに混ぜて味を覚えさせると、鳥もペレットを受け入れやすくなります。うまく砕けない場合は少し砕いたり、ミルを使用して（15ページ参照）、軽く水分を含ませて柔らかくして与えましょう。

決して無条件ペレット信者としてすすめているわけではありません。日常的な栄養を計算せずに与えられる食事のため、推奨しています。もちろんシードにも食事の楽しみとして、エンリッチメントとしての利点があります。ただし、シードのみの場合は繰り返しになりますが、サプリメントを与えることを決して忘れないでください。

ヒナ

一人餌への切り替え

ヒナがエサを欲しがってもいつまでも挿し餌を与えてはいけません。一人餌の切り替えはヒナがエサを欲しがらなくなるのを待つのではなく自分でエサを食べている様子があれば体重をチェックしながら挿し餌を減らしていく必要があります。挿し餌を減らしても体重が減らなければ自分で食べていると判断できます。

人にならすことと自立をさせるのは別に考えた方がよいです。挿し餌だけでなく接触時間が長いと人になれますが、これも個体差があります。挿し餌を長引かせない方がよい理由は、自立する時期を逸すると、自立が極端に長引くことがあるからです。自分の食事は挿し餌であると学習する可能性があります。

tweet

一人餌で自立を促す

親鳥は巣立ちが近くなると寄り添う時間を減らし、エサを与える回数と量も減らして、巣立ちと自立を促します。巣立ち後の巣外育雛期（※）には、親鳥はヒナがエサを欲しがってもすぐには与えず、エサ場に一緒に行き、自分でエサを探すことを学ばせます。

飼育下でヒナを1羽で育てると、仲間が食べる様子を見て学習できないため、自立が遅れがちです。いつまでも挿し餌を欲しがることもあります。ヒナが自分でエサをついばみはじめているのを見たら挿し餌をやめるタイミングです。欲しがるからといって、いつまでも挿し餌を続けてはいけません。

自立時期の目安は、小型鳥で巣立ち後1週間ほどです。この時期を過ぎても常にそ嚢《のう》が一杯になる量の挿し餌を続けていると、自分の食事は挿し餌だと学習してしまい、自力で食べずに挿し餌を待つことがあります。自立時期が近づいたらペレットをヒナのそばに撒いておきましょう。ペレットをついばみはじめたら、挿し餌の回数と量を減らし、一人餌の練習をさせます。うまくかじれない場合は細かく砕いて与えます。ペレットをふやかしてフォーミュラに混ぜると味を覚えやすくなります。挿し餌の回数と量はヒナの体重を見ながら決め、正常体重を維持できる量のみを与えましょう。自分で食べる量が増え、挿し餌を減らしても体重が下がらなければ、最終的に挿し餌をやめて大丈夫です。

※巣外育雛期……家族期とも呼ばれる。巣立ち後のヒナが、親に食事を与えられながら巣の外で過ごす社会化期間のこと。

ヒナにチューブはNG

ヨウムや白色オウムなどの大型鳥に挿し餌をする際にチューブを使うのはリスクがあります。シリンジからチューブが外れて誤飲する事故が起こることがあります。チューブがそ嚢《のう》内にあれば口から取り出すことが可能ですが、胃に入ってしまうと手術です。挿し餌はシリンジのみで行うことをおすすめします。

子育てじょうずな親の巣は静か

野生においてヒナが鳴くことは敵に巣の場所が見つかる危険行為です。そのため親鳥はヒナが鳴き止むようにそばにいてエサを与えます。人の赤ちゃんもおなかが空いたり不安になると泣き、ミルクや抱っこをしてもらえるのと同じです。子育てじょうずな親鳥の巣内ではヒナがずっと鳴いていることはありません。

ヒナはそばにいてほしい

挿し餌中のヒナが人を見るたびに鳴くのは、空腹なだけではなく、そばにいてほしいというサインでもあります。長く鳴いているほど空腹と不安のストレスがかかっています。成長期のストレスはヒナの正常な精神形成を阻害します。エサを十分にもらえず、不安で成長が遅れたヒナは一人餌が遅れる傾向にあります。

巣引きはプロにゆだねる

家での巣引きは親鳥が健康であれば流通での感染リスクがなく、かつ親鳥の元で育てることができるよい方法です。しかし気づかずに近親交配だったり、慢性発情、栄養不足で巣引きすると障害をもったヒナが生まれることがあります。優秀なブリーダーさんは交配や繁殖頻度、栄養を十分に考えて巣引きしています。

自家繁殖のリスクを知る

卵ばかり産むから抱卵させようと安易に繁殖をすると障害をもつヒナが孵化する可能性が高くなりますので気をつけましょう。特に文鳥とセキセイインコは診察数が多いこともありますが、自家繁殖による障害の発生がほかの鳥種に比べて多く見られます。

飼育下の繁殖は慎重に

鳥は近親者とペアになることを避けたりしません。野生では移動分散により近親者とペアになる確率が下がりますが、家庭ではきょうだいや親子でもペアになります。近親交配は共通の劣性遺伝子を持っている可能性が高く先天性異常が発生しやすくなります。産卵したとしても抱卵はさせないことをおすすめします。

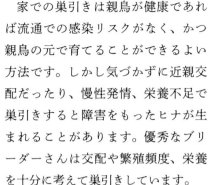

発情対象物を見極める

発情を引き起こす物をまずは見つけよう

鳥用のおもちゃや止まり木が発情対象になることがあります。発情対象物とは、鳥が見ると性的興奮を起こすものです。オスは求愛や交尾をしようとし、メスは交尾受容姿勢をしたり、おもちゃにおしりをこすりつけたりします。発情の傾向が見られた際には、何か特定のものが引き金になっていないか、鳥の行動を観察しましょう。

発情対象物を見つけたら、できれば発情抑制のために対象物を取り除いたり、鳥からは見えない・触れない位置に移動させる必要があります。

巣は例外として発情対象は単純に取り除けばよいというわけではありません。飼い鳥は人に与えられた環境でしか生活ができません。そのなかにお気に入りの物ができるたびに取り上げられ、ケージ内に楽しみがなくなる生活は退屈でしかありません。鏡が発情対象になるのであれば完全に取り除くのでなく、

鏡で遊ぶ時間を減らして、フォージングやほかの遊びを増やすなどの工夫が必要です。発情対策は食事量の調整と運動を中心に行うことをおすすめします。この考え方は先生によって異なります。鳥目線で生活を考えると、食事を制限されたうえに楽しみを取られたらQOLが下がるのではないでしょうか。

発情対象物は2種類ある

気をつけたいのが、発情対象物が鳥にとって愛着があるのかないのかという点です。愛着については、48ページも合わせて参考にしてください。

①愛着のない発情対象物

鳥が見ると発情行動をするだけの物で、発情行動をする以外は興味がない物です。たとえば、止まり木、ブランコ、エサ箱、ボール、ティッシュなどがあります。愛着が見られない場合には、取り除くか、配置換えをして、発情抑制につなげましょう。しかし、ただ取り除くだけでは鳥にとっての楽しみがなくなってしまいます。発情対象にならない、ほかの遊べる物を見つけてあげましょう。

②愛着のある発情対象物

精神的安定を得つつ発情行動をする物で、発情行動以外でもいつも寄り添っているのが特徴です。目があるおもちゃやぬいぐるみ、鏡に映った自分などに愛着を持ちやすい傾向にあるようです。愛着を持つ物に対しては、鳥は嘴で羽づくろいをするような行動をしたり、エサを吐き戻して求愛するような行動をします。これらの行動は、愛着を持つおもちゃのことを自分の仲間や家族と認識していると考えられます。

②の場合は、安易に取り除くと精神不安定になる可能性があります。あまりにも発情行動がひどい場合には、入れる時間を調整して発情を抑制することも検討します。しかし基本的には、鳥の愛着を優先して環境は変えません。食事制限やフォージング、運動による発情抑制をしっかりと行いましょう。

できればおもちゃは選んで

愛着がある物に発情すると鳥も発情対象物との別れがつらく、発情抑制が難しくなります。できれば鳥に見せる・与えるおもちゃは事前に飼い主さんが選びましょう。鳥と同じ形をしたぬいぐるみやフィギュアなどで、鳥の大きさと同じか、それより小さい物は発情対象になりやすい傾向があります。

また、おもちゃを定期的に入れ替えてお気に入りの物を増やしておけば、特定の物に発情した際も替えやすくなります。

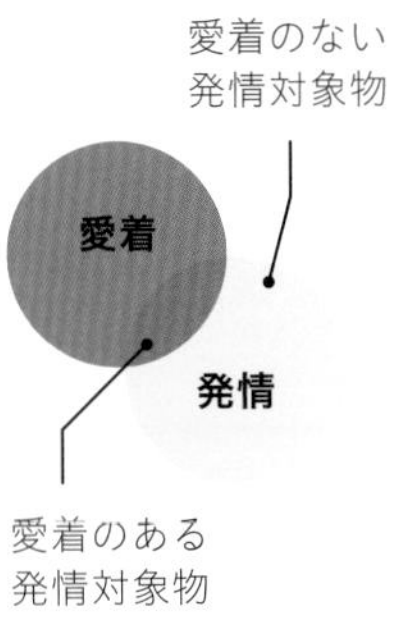

亡くなった鳥に手紙を書いてみよう

お星様になった鳥のことばかり思い出してしまい仕事が手につかないのでどうしたらよいか相談を受けました。何度も同じことが思い浮かんでしまうことを反芻思考といいます。そんなときは天国の鳥さんにお手紙を書いてみましょう。今の気持ちや伝えたいことを整理して書いてみてください。

そうするとなぜ何度も思い出してしまうのかの気づきが見つかると思います。そして鳥さんがそばに居てくれた意味、何を教えてくれたのかがわかってくると思います。

きっと鳥さんは天国からこう言ってくれると思います。

「誰よりも私を見てくれて、

今でも変わらず私を愛してくれてありがとう」

ペットロスについて

愛鳥を失って深い悲しみや罪悪感、孤独感を覚えるのはどんな飼い主さんにも起こることです。そのなかでもこれらの感情にさいなまれる期間が長くなり、精神的・身体的不調を起こすことを「ペットロス症候群」といいます。

ペットロスになる方の特徴は誠実性が高いことです。愛鳥を助けられなかったのは自分が早く気づかなかったからではないか、もっとできることがあったのではないかと自分を責め続けてしまうことで起こりやすくなります。さまざまな事情や自分の取った選択肢がそこにはあったと思います。しかし鳥にとってはひた向きに自分を愛してくれた飼い主さんがそばにいてくれた事実は変わりません。そして天国では、自分のことでいつまでも悲しんでいる飼い主さんを心配していることでしょう。いつの日か天国で再会したときに、お互いに感謝できるような生き方ができたら素晴らしいですね。

人と鳥は縁でつながっている

自然界にも飼育下にも、障害をもって生まれる鳥たちがいます。そうした鳥は人の助けがないと生きていけません。だからこそ、あなたのもとに来たのです。そして障害の有無にかかわらず、どんな鳥もあなたの足りない部分を満たしてくれています。鳥も人もお互いに必要とし合っているのです。どちらかが欠けてもお互いの人生という名の歯車は噛み合わなかったことでしょう。人と鳥も縁で繋がっています。

時に訪れる別れにもあなたが学ぶべき何かがあったはずです。きっと大切なことを教えてくれています。お互いにかけがえのない存在として支え合う姿こそが美しいと思います。私は時に欠けそうになる歯車を直す存在としての縁を大切にしていきたいと思っています。

ネグレクトは絶対にしない

就学や就職、出産などの理由で相手をする時間がなくなり、ただエサと水だけを与えられているだけになっている鳥が少なからずいます。この状態はネグレクトであり、病気の発見が遅れて来院します。そんな鳥の多くは表情がなく無気力です。誰にも必要とされなくなると、鳥も活力を失ってしまいます。

鳥の心も傷ついてしまう

手乗りとして育てた鳥でも、人がまったく相手をしないと荒鳥になってしまうことがあります。鳥がいるのにあとから犬を飼ったことで家族全員が犬に関心を向けてしまい、鳥はエサと水を与えられているだけになり、毛引きをして来院するという事例は珍しくありません。人への信頼を失った鳥を見ると心が痛みます。

人になついているのが手乗り鳥

手乗り鳥とは、人になれている鳥のことです。人になれているのに、この子は手乗りじゃないと飼い主さんに言われ、どういうことかと聞いたところ、手が嫌いで手に乗らないから手乗りではないとのことでした。なれていないと荒鳥といわれますが、よく考えるとどちらも勘違いしやすい呼び方ですね。

第2章

鳥の心を知る

鳥の行動には
私たち人と同じように理由があります。
行動の裏にある心理や習性を知って、
鳥への理解を深めましょう。

♡

心理

鳥は人のことがわかる

鳥に限らず動物と人の非言語はとてもよく似ています。鳥の喜怒哀楽がわかるのはそのためですし、鳥が人の感情をわかるのも然りです。寄り添って欲しいときに下を向くのも人と同じです。遠縁の種どうしがこれだけわかりあえるのは、お互いに必要な仲間というメッセージなのかもしれませんね。

コミュニケーションに言葉はそれほど重要ではない

「メラビアンの法則」を知っていますか？　人は言語・視覚・聴覚の3つを使って相手とコミュニケーションをはかります。アメリカの心理学者メラビアンが、コミュニケーションの際に聞き手はどのような情報を参考にしているのかを調べたところ、言語が全体の7%、視覚情報は55%、聴覚情報は38%ということがわかりました（図参照）。私たち人間は言語、つまり言葉によるコミュニケーションが一番大事だと思いがちですが、実は視覚や聴覚情報といった非言語メッセージの方が相手に与える影響が強いのです。

鳥は鳴き声によって情報伝達をする生き物なので鳥どうしで言語のようなものを重視しているのかと思いきや、ほとんどは非言語によるコミュニケーションです。視覚・聴覚情報をフルに使います。そして、鳥だけでなく動物の非言語は人の非言語とよく似ています。鳥が喜んだり、楽しんでいたり、怒ったりしているのを私たち人が理解できるのは、非言語が似ているからなのです。これは鳥サイドから想像してみると、人の非言語も鳥に伝わっていると考えられるでしょう。飼い主さんがつらいとき、泣いているときに、鳥はそっとそばに寄り添ってきます。悲しいときには一緒に下を向くこともあります。飼い主さんが発する感情の非言語メッセージを見ると、鳥たちは「どうしたの？　大丈夫？」といった表情で一緒にいてくれるのです。

これだけ非言語が似ていてわかりあうことができるのは、お互いに必要であることの証なのかもしれませんね。

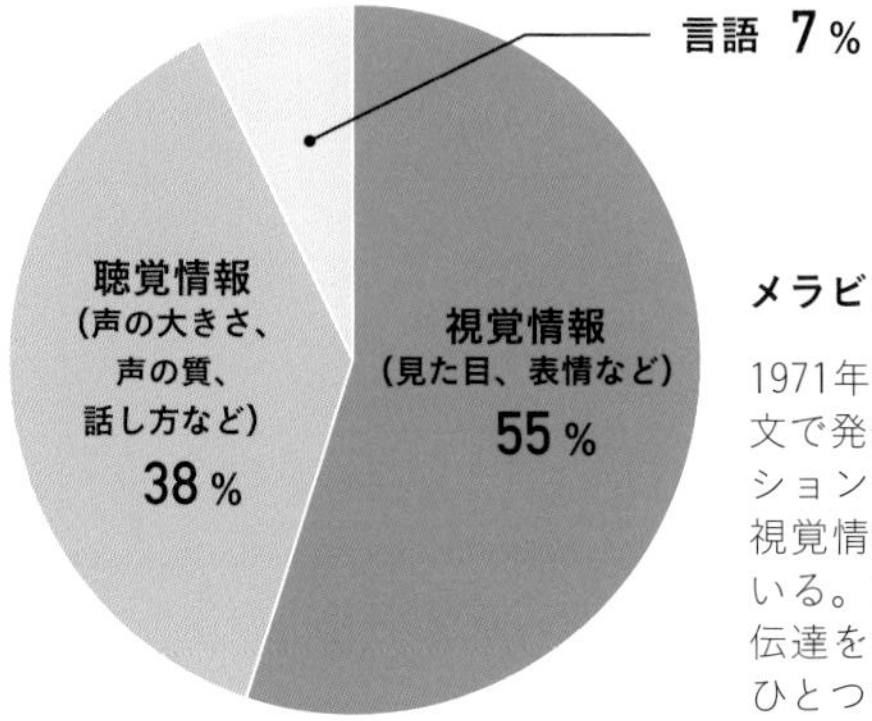

メラビアンの法則

1971年にアメリカのアルバート・メラビアンが論文で発表した「メラビアンの法則」。コミュニケーションをとる際に、相手に多く伝わっているのは視覚情報、ついで聴覚情報、最後に言語となっている。鳥が人と同じかそれ以上に優れた視覚情報伝達を行うことも、人と鳥がわかりあえる原因のひとつかもしれない。

鳥にも「お気に入り」がある

おもちゃに愛着を持つのは人だけではありません。鳥もお気に入りのものは大切にしています。なかには人が触ると怒る子もいます。ヒナのときからおもちゃと一緒に過ごさせると愛着を持ちやすいです。1羽飼いの鳥は、お気に入りのものがあると人が居ないときに寄り添うことができるのでおすすめです。

愛着があるものは鳥の心を落ち着かせる

多くの人は子どものときにぬいぐるみや毛布などに愛着を持ちやすく、それがあると安心する様子を見せます。愛着のある物を取り上げると泣き叫び、ときにはパニックになることもありますよね。

鳥も人の子どもと同じように、ぬいぐるみやおもちゃに愛着を示し、常に寄り添うケースがあります。愛着のある物があると、人が不在の場合でも精神的に安定が得られる可能性があります。鳥を1羽で飼う際は、ヒナの頃から愛着を持ちそうなものをプラケース内に入れて一緒に過ごすことを推奨し

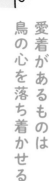

ます。お迎えした鳥の「お気に入りの物」を、ヒナの頃から探しておきましょう。

鳥より小さく、目がついているおもちゃを

鳥が愛着を示しやすい物は、鳥の体より小さいサイズで、かつ、目がついているものです。鳥は目がよく視覚情報の処理能力も優れています。このため、私たち人と同じように目がついた物を仲間と認識することが多いと考えられます。

ただし、おもちゃはときに発情対象物になるケースもあります。お気に入りの物を選ぶときの注意点は、40ページを参照してください。

お気に入りのおもちゃがある鳥さんの例

ごはんを食べるときも一緒

イクラちゃん（8歳・♂）

おもちゃのアヒルがお気に入りのイクラちゃん。ヒナの頃からずっと一緒に過ごしています。愛着のある発情対象物（41ページ参照）にはなっていません。

お気に入りの場所でも一緒

鳥は体調不良を隠す？

人は大丈夫じゃないのに大丈夫と言ったりしますが、鳥も大丈夫じゃないのに大丈夫なそぶりを見せたりします。鳥は病気を隠すと言われますが、これは本能的に隠す行動をするわけではなく、人が気づかなかっただけのことが多いです。嘘食べは、便や体重のチェックをしていれば、すぐに気づけると思います。

人が鳥の体調不良に気づける努力を

私たち人は調子が悪いときに周囲の人に心配をかけまいとして「大丈夫」と言うことがあります。鳥も同じように、大丈夫なそぶりを見せることがあります。

しかし、実際には私たち人が鳥の体調不良を見抜けていないことが多いのです。鳥は野生では被捕食者なので襲われないように病気を隠すと言われていますが、実際には隠しているのではなく、普通に動けるうちは今までと変わらない行動をすることがほとんどです。病気になっても、鳥自身に自覚症状がないために、体調が悪そうに見えないというケースも多くあります。

明らかに具合が悪そうなときは、病気がすでに進行して動けなくなってしまったか、自覚症状が出はじめたときです。また、いつも通り食べているようなしぐさをしていても、実際は食べていない「嘘食べ」をすることもあります。

このような見逃しを防ぐには、毎日の体重測定と排泄物のチェック、食事量の確認、動物病院での定期的な健康診断が欠かせません。健康診断は、2歳以上になったら年に1回はレントゲン検査と血液検査を含めた総合健康診断を受けると、さらに見逃しが少なくなるでしょう。詳しくは112ページを参考にしてください。

心理

鳥の2大ストレス

鳥の日常的なストレスに「寂しい」と「退屈」があります。どちらが強いかはケージから出たときに何をするかを観察すればわかります。人にくっついてばかりなら寂しい、好きなことをして遊んでいるなら退屈です。人肌恋しさは物では満たされません。鳥の行動を見て望んでいることを察しましょう。

ケージから出てすぐの鳥の行動でストレスを見極める

日常的なストレスの多くは欲求不満です。欲求不満とは、簡単に言えば「～したいけどできない」ことです。手乗りの鳥の多くは、1羽で過ごすことやケージ内で長く過ごすことを好みません。人と一緒にいたいけれど、人がいないから寂しい。ケージから出て遊びたいけれど、出られないから退屈になる、といった欲求不満があります。このため、飼われている鳥はケージから出ると、真っ先に我慢していたことを行う傾向にあります。寂しかった場合は人のそばに飛んでいきます。退屈だった場合は飛び回ったり、行きたかったところで遊ぶような行動が見られます。

　ケージ内で退屈しないようにおもちゃを与えることは解決策のひとつです。しかし、鳥が寂しいと感じている場合は物で満たすことはできません。人もストレスがたまると買い物をして発散することがありますが、物で満たされるのは一時的なことが多いのと同じかもしれません。鳥がケージから出た際の行動を見て、何を我慢していたのかを見極めましょう。そして、それに対して何ができるのかを考えることが飼い主さんの務めです。

鳥も毎日ストレスを感じる

ペアの鳴き交わしや近接（※１）、互いの羽づくろいを親和行動（※２）といいます。親和行動はストレスを受けた後に増える傾向があります。野生で起こるストレスにはほかの仲間や敵に追われる、ケンカ、長距離の移動、悪天候、餌水の不足などがありますが、いかなるストレスでも血液中のストレスホルモンが増加します。

つまりストレスホルモンが増加すると親和行動でストレスを緩和するのです。人をペアと認識している鳥はストレスを感じると人を求めますし、逆に人がストレスを感じているとそれを察して寄り添ってきます。ペアの同調はストレスホルモンによって起こることが知られています。

ペアと離れるとストレスホルモンが出る

鳥のペアが行動を共にしたり、ペアの仲を維持する際、ストレスホルモンのコルチコステロンという物質が関係していることがわかっています。

野生下の鳥にはさまざまなストレスがあります。そのなかでもペアの鳥どうしが離れた際に強いストレスが生じます。ペアが離れている時間がごく短時間だったとしてもオスとメスのそれぞれがストレスを感じることがキンカチョウの研究からわかりました。

キンカチョウのペアを離ればなれにし、声も姿も見えないようにした状態で血液中のストレスホルモン・コルチコステロンを測定します。すると、ペアが離れた直後からコルチコステロンが上昇します。ほかのキンカチョウと接触させても正常値には戻りませんでしたが、ペアどうしを再会させるとコルチコステロンは正常値に戻りました。つまり、鳥のペアは離れるとストレスを感じてしまうため、常に行動を共にするというわけです。

鳥は離れた後に再会すると鳴き交わしを行い、その後、寄り添って互いに羽づくろいをします。これを親和行動といいます。鳥のペアは親和行動を行うことで自分自身のストレスを緩和させているのです。

ペアの人と離れた後は寄り添っていたい

こうした研究をもとに考えると、人をペアと認識している鳥は、人が不在の間にストレスを感じている可能性が高いと考えられます。人が帰宅したら鳥が喜び、ケージから放鳥をせがんでペアの人のそばに来たがるのは、鳥が自らに蓄積したストレスを緩和させようとしているのです。ペアの人と親和行動をとりたいというのが鳥にとっては自然な欲求です。

人が帰宅した後にこうした鳥の欲求を無視し続けてしまうと、鳥はケージ内で取り残されてしまいます。ペアの人のそばに行きたいのに行けない、親和行動をとりたいのにとれないといった新たなストレスが発生してしまいかねません。

※1　近接……近くにいること、寄り添うこと。
※2　親和行動……仲間に対して親愛の情を表す行動のこと。ストレスや不安を緩和する効果がある。鳴き交わしは親和行動には当たらない。鳥どうしでキスをすることもある。

心理

人が幸せだと鳥も幸せ

人と飼育動物のストレスは深く関係している

犬を対象とした研究結果では、飼い主さんが抱える長期ストレスと飼い犬のストレスレベルの高さが相関関係にあることがわかっています。1年を通じて、飼い主の毛髪と飼い犬の被毛のストレスホルモン濃度の変化を調べた研究により判明しました。また、人と飼い犬の心拍数を比較した実験によると、人の感情が起こすさまざまな変化に対して、犬がその都度反応を示していることが判明しました。そして、犬は人の感情を顔の表情から読み取って反応するだけでなく、読み取った感情に共感していることもわかりました。

ペアとの同調（※）にストレスホルモンが関与していることから、人をペアと認識している鳥には人のストレス度が影響する可能性があると考えられます。ストレス度が低い幸せな人と同調する鳥は幸福度が高くなり、ストレス度が高い人と同調する鳥はストレス度が高くなる可能性があります。

このことを「情動の伝染」と呼んでいます。

残念ながら、鳥ではまだ犬のような研究はされていません。しかし、飼われている鳥の反応を見ると、人の表情などの非言語表現（47ページ参照）が、鳥のストレスレベルに影響を与えている可能性があることが推察されます。

人と鳥のストレスも相関関係にあると考えられる

鳥は飼い主を選ぶことはできませんが、一緒に暮らす人を仲間として認識しています。幸せな人、つまりストレス度が低い人と暮らす鳥は、人の非言語表現から読み取るストレスがなく、鳥の幸福度は高いと考えられます。しかし、あまり幸せではないと感じる人、つまりストレス度が高い人と暮らす場合、鳥はどうしても飼い主さんのストレスに共感してしまうのです。おのずと鳥もストレス度が高くなり、鳥の幸福度は下がってしまいます。人を仲間とみなして一緒に暮らし、同調・共感する本能があるために、鳥もストレスに共感してしまうのです。

お互いに癒しあえる関係性を目指して

日々感じるストレスを鳥に癒してもらっているという飼い主さんは多いのではないでしょうか。しかし、その行動が一方的になってしまうと、鳥側のストレスが膨らんでしまいます。飼い主さんが鳥のストレスを積極的にケアする必要があるのです。

また、飼い主さんの帰宅が遅い、忙しくて一緒に過ごす時間が少なくなるなどの行動は、鳥のストレスを増やしてしまいます。たとえ帰宅時間が遅くなったとしても、鳥が鳴いて飼い主さんを呼んでいるような場合は、1日の時間割よりも一緒に過ごすことを最優先に考えましょう。ケージから出して一緒に遊んだり、鳥をなでる、カキカキするなどの鳥が必要とする親和行動（52ページ参照）を行うことが重要です。これらの行為は鳥のストレスを癒すだけでなく、飼い主さん自身のストレス緩和にもつながるはずです。

飼っている鳥は共に暮らす仲間だということをあらためて認識し、お互いに幸せになれるような過ごし方を心がけましょう。

※同調……調子を同じくする、つまり他者の行動に合わせること。心理学用語。

受動的な鳥と能動的な鳥

人が鳥に意識を向けたときにだけ反応する子と、鳥に意識を向けていなくても反応する子がいます。後者の鳥はケージ内にいるときにアピールをしても、かまってもらえないと不満がたまります。テレワークが鳥のストレスになるようでしたら相手ができないときは鳥から人が見えないようにしてみるのも対処法の１つです。

鳥の性格は2つに分けることができる

鳥のなかにも、さまざまな性格の個体が存在します。受動的なタイプと能動的なタイプの2種類に大まかに分けることができます。受動的な性格の鳥は、人がいたとしてもあまり動かず、人が意識を向けたときにだけ反応します。一方、能動的な性格の鳥は、人が見えるだけで反応します。積極的に鳴いたり、人の前をウロウロ動いたりして、人が自分の方に来るようにアピールをします。

人が留守にしている場合、受動的な鳥はエサを食べるとき以外はいつも同じところでじっとしていることがほとんどです。能動的な鳥は昼寝をしているとき以外はケージ内を動き回ったり、おもちゃで遊んだり、ケージをかじったりと活発に動きます。

在宅勤務時の鳥とのつきあい方

コロナ禍で飼い主さんの勤務形態がテレワークになったことで、人と鳥の関係にも変化が起きたようです。

単純に考えると、人と鳥が一緒にいる時間が増えたことは鳥の幸せが増えたように見えます。確かに、受動的な性格の鳥はそれに当てはまります。しかし、能動的な性格の鳥にとっては、飼い主さんが不在であることよりも、目に見えるところに居るのに相手をしてくれないことや、すぐそばにいられないことの方が理不尽なストレスにつながってしまうのです。テレワーク中の呼び鳴きは、飼い主さんも困ってしまうことでしょう。

鳥のタイプに合わせて柔軟な対応を

能動的な鳥の不満を減らすために、飼い主さんの姿が見えない場所にケージを移動すると落ち着くことがあります。ただし、飼い主さんの声が聞こえてしまうと家にいることが気づかれてしまい、ストレス解消にはつながりません。声や生活音も聞こえないような場所にケージごと移動するか、飼い主さんが居場所を変えましょう。

どうしても人の声や生活音が聞こえてしまう場合は、呼び鳴きをしているときはなるべく相手をしない、呼び鳴きをしていないときこそ必ず相手をするというルールを作ります。ルールがぶれてしまうと鳥も判断がつかなくなるので、飼い主さん自身がしっかりと守ることが大事です。

相手の声を記憶している

セキセイインコのオスはペアのメスの鳴き声を真似て鳴きます。メスはこの鳴き声を認識してオスとコンタクトコールを行います。コンタクトコールはいわゆる呼び鳴きのことでペアと離れているときに行われます。セキセイインコの研究ではメスは2か月離れてもオスの鳴き声を覚えていてコンタクトコールを行いました。

しかし6か月離れるとオスの鳴き声を聞いてもコンタクトコールを行いませんでした。これはセキセイインコは6か月経つとオスの声を忘れてペアと認識しなくなることを示唆しています。入院のお見舞いで鳥さんに覚えてる？と話しかけている飼い主さんが多いですが、そんなにすぐに飼い主さんのことを忘れないのでご安心ください。

運動で呼び鳴き解消!?

呼び鳴きがひどいのは分離不安のひとつと考えられています。呼び鳴きで悩む飼い主さんは多いですが、分離不安の研究が進んでいる犬では1日4時間以上の散歩やランなどの運動を行うと改善が見られたとの報告があります。日々の運動でストレスが解消されて満足できることが改善のカギのようです。

呼び鳴きは注意喚起の役割もある

呼び鳴きには分離不安だけでなく注意喚起もあります。分離不安の呼び鳴きは人が出かけるときや見えなくなった際に行うもので「どこ行くのー？」「どこにいるのー？」といった不安で鳴いています。注意喚起は人が見えたり気配がある際に行うもので「こっち見てー」「こっち来てー」

「出してー」「おなか空いたー」などの意図があります。注意喚起は人の気を引くのが目的なので鳴いたら人が見た、来た、返事をした、出してくれた、ごはんをくれたといった反応が得られると呼び鳴きが強化されます。強化されると反応がないときにストレスになるので注意喚起には反応しすぎないよう注意しましょう。

声かけが問題行動の引き金に

注意喚起による学習は呼び鳴きだけでなく毛引きや自咬、痛がる声でも学習します。毛引きしてギャーっと鳴いたときに「どうしたの？」「やめなさい！」と声をかけていると、毛引きをしたら人の気を引くことができると学習します。毛引きに反応しないことも大切ですが、退屈な時間をつくらない方が重要です。

心理

知っておきたい！常同行動

同じ行動を繰り返すことを常同行動といいます。ケージを噛んでカンカン音を立てるのはワイヤー噛みといわれる常同行動です。常同行動はストレス対処行動といわれており、動物福祉の指標として知られています。常同行動は自己刺激のために行っていると考えられており、ほかにやることがない退屈が引き金となっていることが多いです。

鳥のストレスを表す常同行動

常同行動は反復性行動とも呼ばれ、同じ動作を繰り返し、周囲からは何を目的としているかがわからない動作のことを指します。動物園では、動物のストレス指標としても使われています。ケージの中をぐるぐると歩き回るライオン、柵を舐め続けるキリン、首を揺らしながら左右にステップを踏むホッキョクグマなど、さまざまな動物に見られます。

飼育下の鳥でも常同行動は日常的に多く見られます。ケージを噛む、嘴をずっとモグモグと動かす「口行動」、叫び続ける「シャウティング」、エサを落として拾う動作を繰り返す「ドリブリング」、ケージ内をつたってぐるぐると回る「サークリング」、止まり木を左右にウロウロする「ペーシング」などがあります。

常同行動の目的は、五感を刺激することといわれています。自己刺激行動とも呼ばれるもので、鳥自身が精神的苦痛を緩和させるために行っていると考えられます。

常同行動が見られたら早めに改善を

鳥に常同行動が見られた場合は、行動がクセになってしまう前に早急に対処する必要があります。一度クセになってしまうとなかなか治りにくいものです。そして、常同行動はふだんストレスを感じていることのあらわれでもあります。改善しないとストレスが増え続け、食欲が増えたり、胃炎を起こすことがあります。鳥が何にストレスを感じているかを調べるには、ケージから出た際に鳥が何を行うか、その行動を観察しましょう（51ページ参照）。寂しいのであればコミュニケーション時間を増やす必要があります。退屈なのであれば放鳥時間を増やしたり、フォージング（※1）やおもちゃを与えるなどのエンリッチメント（※2）を行う必要があります。

※1 フォージング……Foraging・採餌行動のこと。野生下において、動物がエサを探すことを指す。野生動物は1日の時間の大半を採餌行動に費やしている一方、飼育動物には採餌行動の時間がないために退屈な時間を生み出し、ストレスの引き金になっていると考えられている。

※2 エンリッチメント……正しくは、環境エンリッチメント(environmental enrichment)。飼育動物の環境を整え、動物に幸せな暮らしを与えるための方策のこと。

鳥のありのままを受け入れよう

飼い主さんから鳥が以前と性格が変わってしまった。このような性格で困っているのでどうしたらいいかと相談されます。人で考えればわかるように、変わらないでいてほしいと望まれることも、変わってほしいと望まれることも、望まれた本人にはつらいものです。鳥も加齢や環境によって性格が変わったり、

生まれ持った性格や幼少期に身につけた性格はなかなか変わりません。「人を変えることはできない。変えることができるのは自分」と言われるように、最初に鳥を変えようとするのではなく、まず飼い主さん自身が鳥を信じること、あるがままを愛することからはじめることが問題解決の根底にあると思っています。

鳥にもパーソナルスペースがある

人にパーソナルスペースがあるように、鳥にもあります。これは、鳥種や個体差、親密度によって異なります。ラブバードやウロコインコ、シロハラインコなどは、ペアで体を密着させますが、セキセイインコやオカメインコ、ヨウムはペアでも少し体が離れています。人も鳥も心地よい距離感を保てるとよいですね。

コミュ力も個体差がある

鳥もアイコンタクトをします。アイコンタクトの長さには個体差があります。アイコンタクトが長い子はコミュニケーションが得意ですが、すぐに目を外す子はアイコンタクトが苦手だったりします。コミュニケーションの基本は、相手が主役です。鳥の様子を見て、こちらから距離感を合わせましょう。

成長で心も変化する

若鳥のときはなついていたのに、成鳥になったらほかの家族を好きになってしまうことがあります。若鳥のときは守ってもらわなければ生きていけないため保護してくれる人に依存します。しかし性成熟すると、パートナーは生活環境内にいる人か鳥から選びます。このときに一番世話をしてくれる人を選ぶとは限らないのです。

鳥は飼い主さんの心を映す鏡

鳥がいつもくっついてくるからといって、必ずしも寂しいわけではありません。鳥はケンカで負けたり、病気で弱ったりすると、仲のよい鳥が寄り添う行動をします。もしかしたら飼い主さんに寄り添ってくれているのかもしれません。鳥は時に飼い主さんの心を映すメタファーとして振る舞うことがあります。

習性・本能

ペアで生きる

多くのインコ・オウム類とフィンチ類は一夫一婦制です。その絆はとても強く、愛情たっぷりです。人に育てられた鳥は、人と同じ仲間だと認識し、人とペアを組もうとします。そのため鳥は人をとても愛してくれますが、人が鳥に注目していないと、一緒にいるのにどうして私を見てくれないの？と不満になります。

ヒナの頃の性的刷り込みで人をパートナーに選ぶことがある

鳥はヒナのときに一緒に過ごした動物を仲間と認識し、そのなかからペア候補を選びます。これは「性的刷り込み」と呼ばれるものです。似た言葉に親子間の刷り込みがあります。離巣性の鳥は、孵化後2~3日までに見た動くものを親と認識します。カルガモのヒナがお母さんを間違えずに、後ろを一生懸命くっついて一列になって行進できるのは、親子間の刷り込みにより認識しているからです。

性的刷り込みは親子間の刷り込みと異なります。ヒナに特殊な刺激が与えられる時期(学習臨界期)に起こるものです。ニワトリの学習臨界期は4~6週齢。飼い鳥それぞれの詳細な時期はわかっていませんが、眼が開いてから巣立ち後数週間までの期間ではないかと考えられます。この期間に、鳥は飼い主さんをペアの相手と認識することがあるのです。

鳥のペアはいつもお互いに気遣う

飼い鳥の多くは一夫一婦制です。ペアの相手に人を選んだ場合は、その人と一緒にいることを好むようになります。ほかの家族がいてもペアと思っている人のそばに必ず行くので、すぐにわかります。しかし、放鳥中にペアの人がそばにいたとしても、その人の意識が鳥に向いていないと、鳥は不満を覚えます。本来の鳥どうしのペアの場合、ペアの鳥は常にお互いに意識を向けているからです。

鳥と一緒にいるのにテレビやスマホを見ていたり、ほかの人とおしゃべりをしていると、鳥は自分に意識が向いていないことをすぐに理解します。そして、鳴いたり噛んだりしてなんとか自分に意識を向けようとします。

しかし、鳥自身は悪気があるわけではありません。ただ振り向いてほしい、かまってほしいという一心です。特別わがままな性格というわけではなく、ペアと交流したいという鳥の本能行動によるものです。それでも人から見ると「困った呼び鳴き・噛みグセ」と言われてしまうことがあります。しかし、鳥の行動には理由があります。飼い主さん自身がその原因になっている可能性があることを忘れないでください。鳥の行動を非難するのではなく、まずは人が自分の行動を振り返ることが大事です。

ペア制度は繁殖と子育てのため

多妻多夫制のオオハナインコのような例外をのぞき、ほとんどのインコ・オウム類とフィンチ類は永続的な一夫一婦制です。一夫一婦制とはいえほとんどの鳥種が婚外交尾をします。しかし、なかには厳密な一夫一婦制の鳥もいます。その代表がキンカチョウで、ペアの絆形成に関わる多くの研究報告があります。

鳥のメスは子育て熱心で忍耐力のあるオスをパートナーに選びます。ところがメスは高率に浮気をします。卵を調べると約40%の卵は配偶者とは異なる遺伝子であることがわかっています。自分の遺伝子を多く残すには見た目のよいモテるオスの遺伝子が必要なのです。メスは戦略的に自らの遺伝子を残そうとします。

オオハナインコは多妻多夫制

ほとんどのインコ・オウム類とフィンチ類は永続的な一夫一婦制です。しかしこのペア制度はヒナを育てるためのシステムであり、実際には種内多様性のために、オス・メスともにペア以外の相手とも交尾をします。卵の遺伝子を調べた研究では、約40％の卵は配偶者とは異なる遺伝子を持つことがわかっています。

例外なのが、多妻多夫制のオオハナインコです。1羽のメスが複数のオスからエサを与えられてヒナを育てるという珍しい夫婦制度を持ちます。メスは1つの巣で暮らしますが、そこに複数のオスが訪れて交尾をします。オスは巣から巣へと移動して複数のメスと交尾をし、メスにエサも与えます。

これは、オオハナインコが巣にできるほどの大きな樹洞は野生下で数が少ないことが原因と考えられています。多妻多夫制にすることで、少ない巣でも繁殖の機会を増やせるようにしているのです。

キンカチョウは一夫一婦制を保つ

キンカチョウは厳密な一夫一婦制です。鳥類学だけではなく、動物全般のペアの絆形成のモデルとして研究されています。絆の形成には、実験により、メソトシンとアルギニンバソトシンという2種類のホルモン物質が関与していることがわかりました。難しい名前ですが、哺乳類ではオキシトシン（愛着・授乳ホルモン）とバソプレッシン（社会性・抗利尿ホルモン）に当たるものです。

キンカチョウのペアにホルモン物質に影響がある物質を与えたところ、親和行動（52ページ参照）と、お互いに鳴き合って存在を確かめるコンタクトコールが減少するという結果が出ています。

キンカチョウは野生下ではペア外交尾は少ないといわれていますが、飼育環境下では、ペア外交尾は普通に見られるようです。家庭内では食物不足、天候異常、外敵といった繁殖リスクが少ないために、厳密な一夫一婦制を守らなくても種の存続ができるからなのかもしれません。

このように、野生で見られ研究で確認された行動が、飼育下では環境が変わることによって見られなくなることもあるようです。

メスはオスを試す

鳥のメスは甘えじょうずです。鳥種によりますが体勢を低くして尾をふるわせたり、ヒナのように嘴と翼をふるわせてオスにエサをねだります。このように子どもっぽく甘えられると、オスはメスにエサを与えます。人ではあざといといわれますが、このような行動によって、メスは子育てに熱心なオスかを見極めているといわれています。

メスのあざとさは子育て戦略の一環

鳥のメスはオスに対して、あざといともいえるヒナのようなかわいらしいしぐさをすることがあります。たとえば魅力的なオスに対して、ヒナのように嘴や翼をふるわせてエサをねだる行動があります。このメスの行動に反応してエサを与えるオスは、ヒナに積極的にエサを与える子育てじょうずな父親になる可能性が高いのです。メスはオスを試すことで、ペアになるかどうかを見極めているようです。

一方で、出会ってすぐにペアを決めてしまうメスももちろんいます。メスがヒナのようにふるまう行動は本能というよりは、性格の違いによるものなのかもしれません。

同じ種類の動物のなかにさまざまな性格の個体が存在することを「種内多様性」と呼びます。種内多様性とは、ひとことで言えば個性のことです。1つの種のなかですべての個体が似ている性格だと、これまでに種が経験したことのないような未知のトラブルに対応することが難しくなってしまいます。さまざまな性格の個体がいれば、想像もつかないような未知の局面が発生した場合に、いずれかの個性を持った鳥が生き残りの道を見つけられるようになっている——というわけです。これは鳥に限らず、生き物すべてにあてはまることですね。

習性・本能

試されるオスの忍耐力

鳥のメスは、オスを選ぶときに忍耐力も確かめます。飼育下ではあまり見られませんが、野生で多くのオスがいる場合には、アプローチしてきたオスから逃げることを繰り返します。すると追ってくるオスが減り、最後まで追ってきたオスは忍耐力があると見極めることができます。最後まで自分を追ってくれるオスを選ぶのです。

子育てはオスの協力が不可欠

晩成鳥（※）であるインコ・オウム類、フィンチ類にとって、ヒナを育てるには多くの労力が必要です。特にエサを採ってヒナに運ぶ行為は重労働。メスだけではヒナを守りながら十分にエサを与えることができないため、オスの協力は不可欠です。そこでメスは、ペアを選ぶ段階でオスに忍耐力があるかどうかも見極めます。

野生下のメスは、自分に求愛してきたオスがいたとしてもすぐに受け入れることはなく、追われたら逃げる行動を繰り返します。オスが複数羽いる場合は、メスをめぐって争いになることもあります。そして戦いに勝って、最後まで自分を追ってきたオスとペアになります。強くて忍耐力のあるオスは外敵から巣を守り、ヒナを育てる労力をもいとわない忍耐力があるのです。

飼育下ではオスが複数いないことがほとんどのためメス側に選択肢がないのか、ここで紹介した忍耐力を見極める行動はあまり見られないようです。

※晩成鳥……ヒナが未成熟な状態で生まれてくる鳥の種類のこと。ヒナは羽毛がなく、目も開いていない。早成鳥は、ニワトリやウズラなど。

ペアの価値観は同じ方がいい

　キンカチョウにおけるペアの個性と行動特性の一致率によるヒナの健康状態を調べた研究では、一致率が高いほどヒナの体重を含む健康状態がよく、ヒナには類似した行動特性が見られることがわかっています。個性には多様性があった方がよいのですが、子育てにはペアの価値観が一致した方がいいようです。

価値観が似ている方が健康なヒナが育つ

　鳥のペアは、オスとメスで行動が似ている方が子育てには向いていることが研究により判明しています。

　キンカチョウのペアの個性と行動特性を調べた研究があります。行動特性とは、わかりやすく言うと行動パターンのことです。

　とある研究ではキンカチョウのペアをそれぞれ別の環境に置き、どんな行動をとるかを実験しました。1つめは新しいケージに入れたとき、2つめは鏡を見たときの行動です。そして研究の結果、行動の一致率が高い、つまり、同じ行動パターンをとったオスとメスから生まれたヒナは健康状態がよいことがわかったのです。

　巣立ち後には、両親に似た個性と行動特性を持つこともわかりました。これは遺伝だけでなく、人でいう家庭内文化として個性と行動が子どもに受け継がれるものであることもわかっています。

　さらに、ペアの個性と行動特性が一致している方が繁殖率が高くなることもわかりました。ペア間の対立が少ない方がストレスが少ないため繁殖しやすく、子育てに専念できるのだと考えられます。これらは鳥の研究結果ですが、人においても同じことが言えるのかもしれませんね。

習性・本能

警戒時の2種類の鳴き声

敵を見つけたときの鳴き声をアラームコール、敵につかまったときの鳴き声をディストレスコールといいます。つかまえようとしたときに逃げながら出す声がアラームコールで、つかまえたときに鳴き叫ぶ声がディストレスコールです。どちらの声を聞いても同種だけでなく異種の鳥でも周囲を警戒することがわかっています。

ストレスを感じると警戒用の声を出す

愛鳥のアラームコールやディストレスコールを病院で初めて聞く飼い主さんもいます。つかまれることを嫌がらない鳥や自宅で保定する機会がない場合は、これらの声を発することがありません。しかし動物病院では、知らない場所で、知らない人に急につかまれるので警戒や恐怖からこれらの声を発する鳥が多くいます。声を出しているのはストレスを感じている証拠です。病院では鳥をすばやくつかまえて検査や処置を行い、早めにケージ内に戻してストレスを減らすことを心がけています。

野生下では、ほかの鳥種のアラームコールやディストレスコールを聞いて周囲を警戒することが知られています。これらの鳴き声は敵が現れたり、敵に捕まったことを意味します。たとえ聞こえたのが仲間ではない別の鳥種だったとしても、危険な状態を感じ取るには十分です。

病院では待合室まで鳴き声が聞こえることもあるため、診察以外でも警戒や緊張してしまうことがあります。病院から帰ったら、まずはいつものケージに戻して体を休ませ、落ち着いたらたっぷりと褒めてコミュニケーションをとって癒すようにしましょう。

分離不安になったら

人工育雛は親鳥育雛に比べ自立性が低く、人への依存性が高くなる傾向が指摘されています。これは1羽飼いで傾向が強くなります。いわゆるベタなれ状態です。飼い主さんにとってはうれしいかもしれませんが、気をつけないと分離不安を起こします。分離不安は人が見えなくなると呼び鳴きし、ソワソワします。

人の不在時は動かず食べなくなります。分離不安の対策は自分が鳥の親と思うことです。親の役割は子を自立させ1人でも生きていけるように教育することです。親鳥ほどの子離れをする必要はないですし飼い鳥にはお世話が必要ですが、永遠の3歳児のようにはとらえず、もう大人であることを意識してみてください。

人工育雛だとストレスに弱くなりやすい

人にならせるために人がヒナを育てることを人工育雛といいます。確かに人にはよくなつくようになりますが、残念ながらさまざまなリスクがあることも指摘されています。

人工育雛は親鳥が育てる自然育雛に比べると、行動障害が出やすいのです。その最大の要因が、親鳥と離れて暮らすことによるストレスです。本来、鳥のヒナは薄暗く狭い巣の中で母鳥に寄り添われ、きょうだいと共に安心した環境で成長します。その過程で種特異的な行動パターン（ペアどうしの距離感、仲間との羽づくろいの仕方・頻度、鳴き方やボディランゲージなどの感情表現としての非言語など）を学びます。

母鳥と長い時間を過ごしたヒナは、ストレス耐性が高いことが研究により判明しています。しかし、飼われるために人の手によって巣から突然明るい環境に取り出され、母鳥から離されることは、ヒナにはそれなりのストレスがかかっています。そして成長期に血液中のストレスホルモンであるコルチコステロンが高い状態だと、脳の発達に障害をきたしてしまうのです。

母鳥と離れて育つことで分離不安を起こしやすくなる

人工育雛が引き起こす行動障害の1つに分離不安があります。分離不安になると1羽で過ごすことを極端に嫌い、飼い主さんに依存する傾向があります。特徴としては、飼い主さんが目の前から居なくなりそうになったり、見えなくなったりすると、ずっと呼び鳴きをします。止まり木の上をウロウロと歩く常同行動も見られます。飼い主さんが不在になると食欲がなくなり、過剰に止まり木やおもちゃをかじって壊す行動が見られることがあります。このほか、分離不安は毛引きや毛噛みの要因ともいわれています。

飼い主さんも鳥と対等な関係を心がける

多くの飼い主さんは、愛鳥をいつまでも幼い子どものように感じると思います。しかし鳥の成長は早く、小型鳥では半年もすれば性成熟した大人になります。本来鳥は自立すればすぐに親離れの時期となり、親鳥は子どもを寄せつけなくなります。しかし人の飼育下では親離れはなく、いつまでも人に頼れる環境になっています。人が鳥を世話するのは、生きていく環境を人が提供する必要があるためで、いつまでも幼いからではありません。

鳥をいつまでも幼い永遠の3歳児のように認識していると、飼い主さん自身も家を留守にする際に心配になると思います。1羽にするのが不安だったり、過剰な心配をしてしまうと、表情に出てしまいます。しかし、鳥からすると、なぜそんなに心配をしているのか理由がわかりません。不安げな顔をして離れて行ってしまう表情を見ると、鳥は不安になります。

成鳥になった愛鳥はもう立派な大人です。出かけるときには、笑顔で「行ってきます」と声をかけられるようにしましょう。

習性・本能

人の皮膚を噛むワケ

鳥が人の首や肩などの皮膚をちまちま噛んでくる場合は羽づくろいをしようとしている可能性があります。噛まれると痛いので嫌ですが、習性としてやる行動は止めさせせることが困難です。痛くて振り払ってしまい事故を起こすこともあります。皮膚を覆う衣類を身につけて噛ませないことで様子を見ましょう。

ちまちま噛みは愛情表現

鳥はペア維持行動としての親和行動を大切にするので、ペアの羽づくろいを欠かしません（52ページ参照）。ペアの人を羽づくろいしようとして、人の皮膚を噛むことがあります。鳥の羽づくろいが首回りであることが多いように、人の首回りの皮膚をちまちまと噛むのです。鳥によっては首回りにかかわらず、皮膚ならどこでも噛むケースもあります。これを噛みグセととらえる方もいますが、問題行動ではなく鳥の習性として行っているので、完全に治すことはなかなかに困難です。人が嫌がっても鳥には理解できません。

突然噛まれてしまった飼い主さんが反射的に鳥を振り払い、骨折させてしまう事故が起きています。事故を防ぐために、噛まれやすい箇所は衣類で覆うなどして接しましょう。

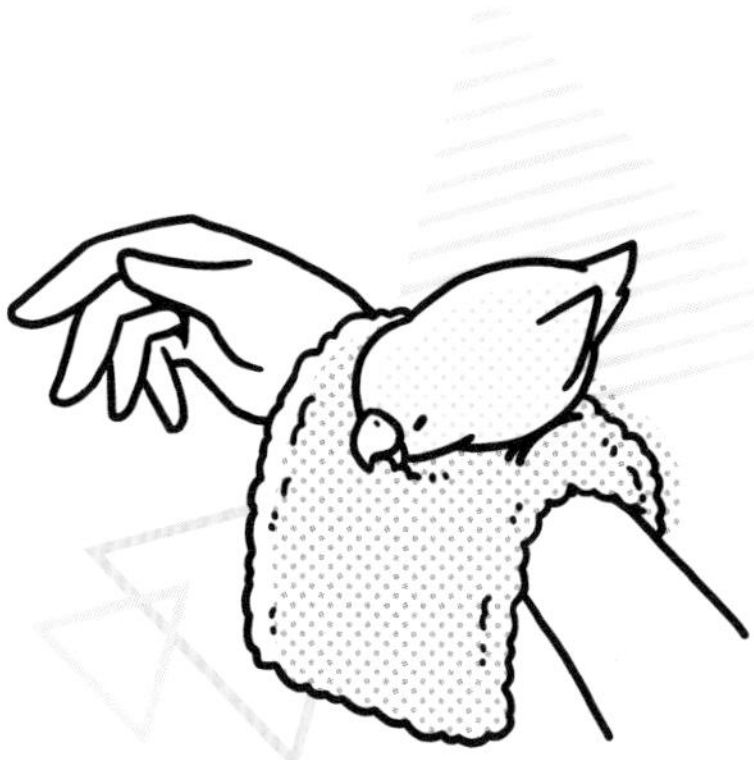

第3章

鳥の体を知る

鳥と私たち人は
体のしくみが異なります。
小さな体の大きな不思議に
触れてみてください。

体のしくみ

くしゃみで鼻の中を洗う

鳥は水を飲むときに水が後鼻孔《こうびこう》から鼻腔《びくう》に入り、くしゃみをすることで鼻腔内を洗浄しています。水を飲んだ後にくしゃみをするのはそのためで、時折水を飲んでしばらくしてからくしゃみをすることもあり、近くでくしゃみをした際にしぶきが出るのはそのためです。

水を飲んだあとにくしゃみをする

鳥は日に数回程度のくしゃみをします。風邪などの異常があって行うわけではありません。時折くしゃみをした際に水しぶきが出ますが、これは水を飲んだときに鼻腔《びくう》に入り込んだ水が外に出ているためです。

鳥の硬口蓋《こうがい》(左ページの図参照)の中央には、後鼻孔《こうびこう》というスリット状の穴があります。後鼻孔は鼻腔と繋がっています。鳥が口を閉じると後鼻孔と喉頭がつながり、鼻から吸った空気が気管に入ります。後鼻孔が閉じることはないため、水を飲むと自然と鼻腔内にも水が入ります。口から鼻へと移動した水は鼻腔内を洗浄する役割があります。役割を終えると、水はくしゃみで外に排出されます。水を飲みながら、ついでに鼻の中も洗浄しているというわけです。

くしゃみをすると病気かと心配になる方もいるかと思いますが、病的なくしゃみは鼻炎や副鼻腔炎(124ページ参照)を発症している際に見られます。病的なくしゃみの場合は、くしゃみの頻度が多い、鼻水の量が多く鼻の穴が湿っている、鼻の穴の上の羽毛が汚れている、鼻の穴が塞がっている、目や頬が腫れているなどが見わけるポイントです。

鳥の口と鼻のしくみ

〈 鳥の鼻腔内のしくみ 〉

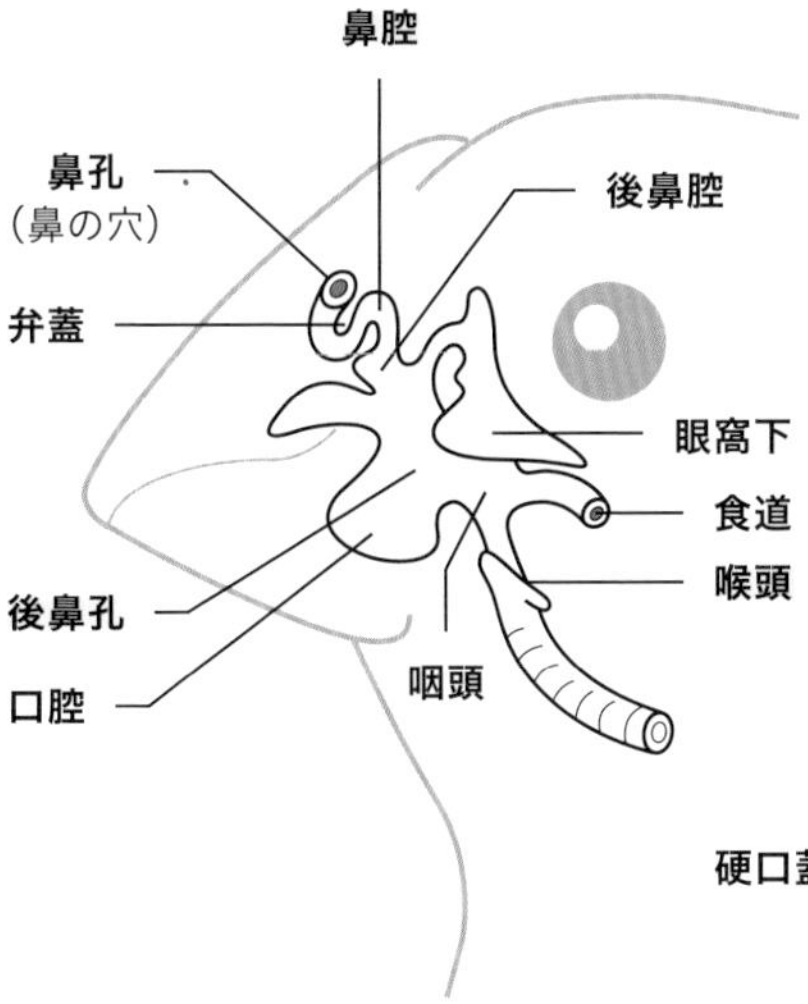

〈 鳥の口腔内のしくみ 〉

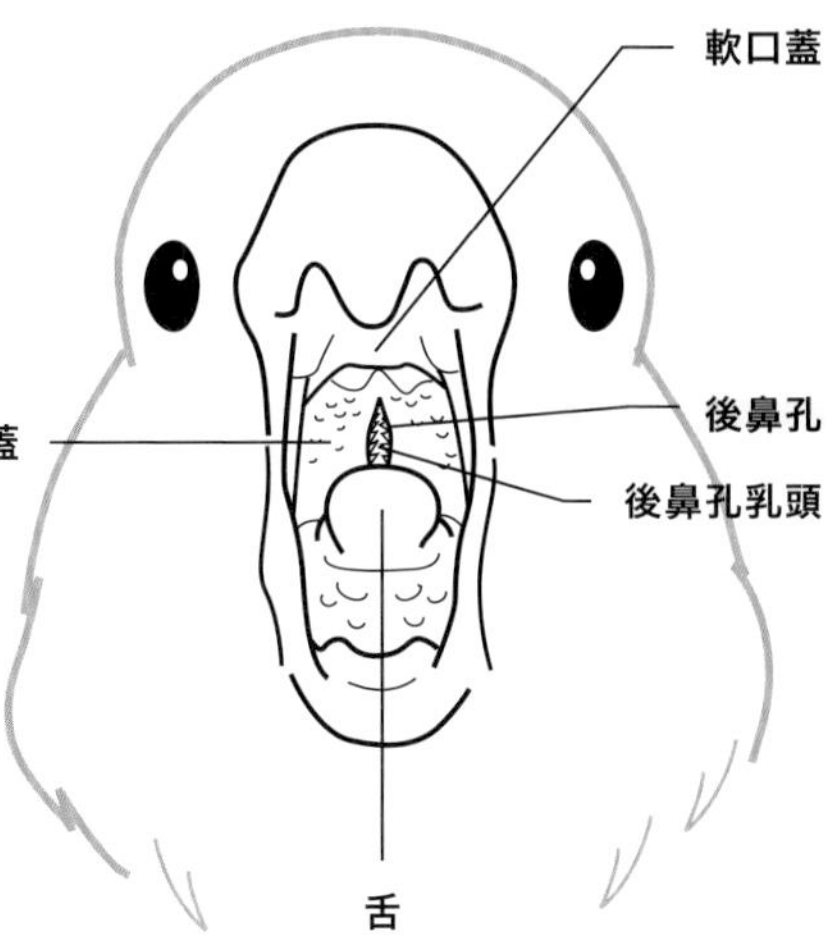

2つの図からわかるように、鳥の口と鼻は後鼻孔でつながっている。

くしゃみで鼻を洗う

後鼻孔から鼻腔内に水が入り込み、くしゃみで水を外に出す。 ← 口を閉じると、水の一部が後鼻孔に入る。 ← 口から水を飲む。

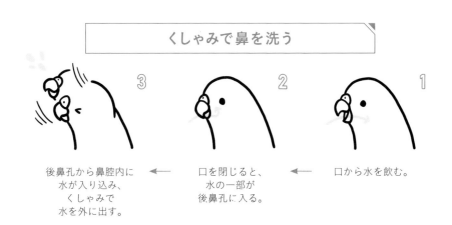

体のしくみ

爪は鼻の掃除道具

鳥は鼻腔《びくう》を爪で掃除しています。爪の伸びすぎや爪質が変化して尖らなくなったり、趾の障害で掃除ができなくなると鼻腔が詰まります。そのままにしていると感染を起こしやすく、鼻呼吸ができなくなるので、人が掃除をする必要があります。病院では洗浄液を点鼻後、吸引して掃除しています。

鼻に詰まったゴミを爪で器用にかきだす

鳥の鼻腔《びくう》には、奥にゴミが入らないようにするための「弁蓋《べんがい》」があります（77ページの図を参照）。

この弁蓋の上に溜まった物を爪でほじって掃除をします。ふだんの生活の中で、趾の爪が削られずに伸びすぎてしまっていたり、爪の形がねじれたり、病気や老化で爪が尖らなくなることがあります。こうした場合、鳥は自分で鼻腔の掃除ができなくなってしまいます。

脚の骨折や関節炎、腱鞘炎などで趾が鼻の位置に届かなくなったり、反対の脚に踏ん張りがきかず、片脚で立つことができない場合も鼻腔の掃除ができません。爪は常に、適切な長さである程度尖らせておく必要があります。

鼻の穴が詰まったら病院で掃除を

鼻の掃除ができなくなり、目に見えて鼻の穴が詰まってしまった場合は、病院で掃除をしてもらいましょう。病院では生理食塩水などの洗浄液を鼻の穴に点鼻し、吸引器で吸い出します。鼻腔内が固まっている場合は、先が細いピンセットでほじって除去します。

鼻腔内の空気の流通が止まると鳥が息苦しさを感じるだけでなく、鼻炎や副鼻腔炎（124ページ参照）を起こしやすくなってしまいます。ふだんから鳥の鼻の穴を観察し、爪に不備が出ているときは、特に鼻を観察するようにしましょう。

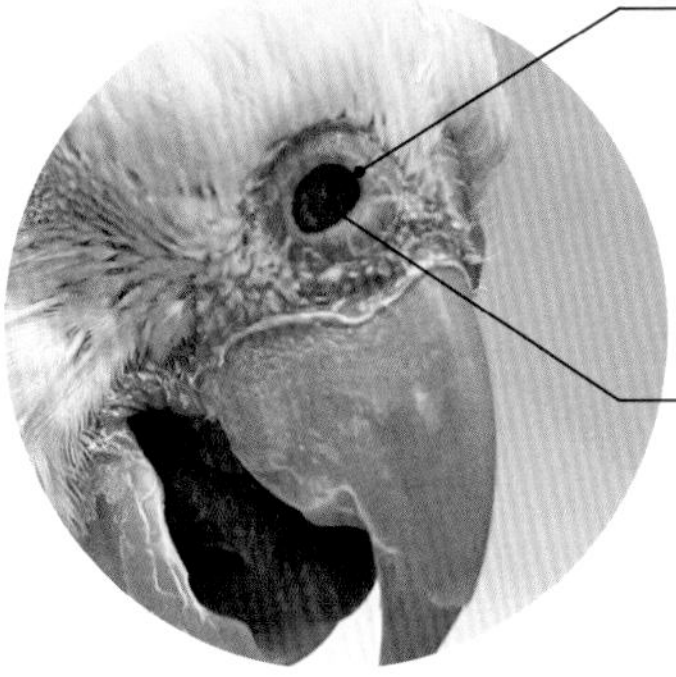

鼻の穴（鼻孔）

鼻孔は鼻の穴を指す。
鼻腔は鼻孔の中のこと。

弁蓋

外から見える鼻腔と、その奥に見える弁蓋。鼻の奥に異物が入るのを防ぐ役割がある。空気は弁蓋の脇を通って後鼻腔へと吸い込まれる仕組み。

体のしくみ

耳のしくみ

鳥の耳の穴は意外と大きいです。鳥にも鼓膜があり、耳小骨は1個です。鼓室は耳管で咽頭と繋がっていて、内圧の調節をしています。鳥は急激な上昇や下降を伴う飛翔をするため、気圧の変化に敏感で、ハトは5m高さが変わっただけで、気圧の変化を感じ取ることできることができます。

優れた聴覚がコミュニケーションを支えている

鳥は人や犬猫のように外に張り出ている耳介がないため、耳は穴のみですが、ふだんは羽の中に隠れています。

　鳥は鳴き声でコミュニケーションを取り、鳴き声で雌雄の判別もします。人が聞いてわかりやすい例はジュウシマツです。オスはピリィピリィと高い声で鳴きますが、メスはジュリジュリと濁った声で鳴きます。このようにわかりやすい鳴き声でなくとも、鳥は自分の仲間のオスとメスの鳴き声の聞きわけをしていると考えられています。

　哺乳類に比べると耳の構造は単純です。

意外とシンプルな耳の構造

耳小骨《じしょうこつ》という鼓膜の振動を内耳に伝える役割を持つ骨があります。哺乳類にはこれが3種類ありますが、鳥は1つだけです(左ページの図参照)。

　耳小骨から届けられた振動を感覚神経に伝える蝸牛《かぎゅう》は、哺乳類や人間ではカタツムリ状になっていることで有名です。鳥の蝸牛はカタツムリ状ではなく、袋状の形をしています。

　そして、鼓膜の内側にある鼓室《こしつ》という空間が耳管《じかん》(咽頭鼓室管《いんとうこしつかん》)で咽頭と繋がっており、内圧の調節を行う役割を担っています。私たち人は、エレベーターに乗ったときや標高の高い場所に行ったときなどに耳がツーンと詰まった感じになることがあります。唾液を飲み込んだり、あくびをして内圧の調整を促しているのです。

　鳥が飛んで上昇した際にも耳がキーンとなるかまではわかりませんが、人と同じように鼓室の内圧が変化するため、耳管で調節をします。鳥は気圧を内耳で感知していると考えられています。

　飼い鳥とはまた少し体の構造は異なりますが、渡り鳥は5〜10mの高低差を気圧で感知することができます。渡り鳥が一定の高度を維持して飛んでいるのは、気圧によって高度を感知しているためです。

　インコ・オウム類やフィンチ類ではきちんと調べられていませんが、同じように気圧で高低差を感知しているのかもしれません。

人と鳥の耳の比較

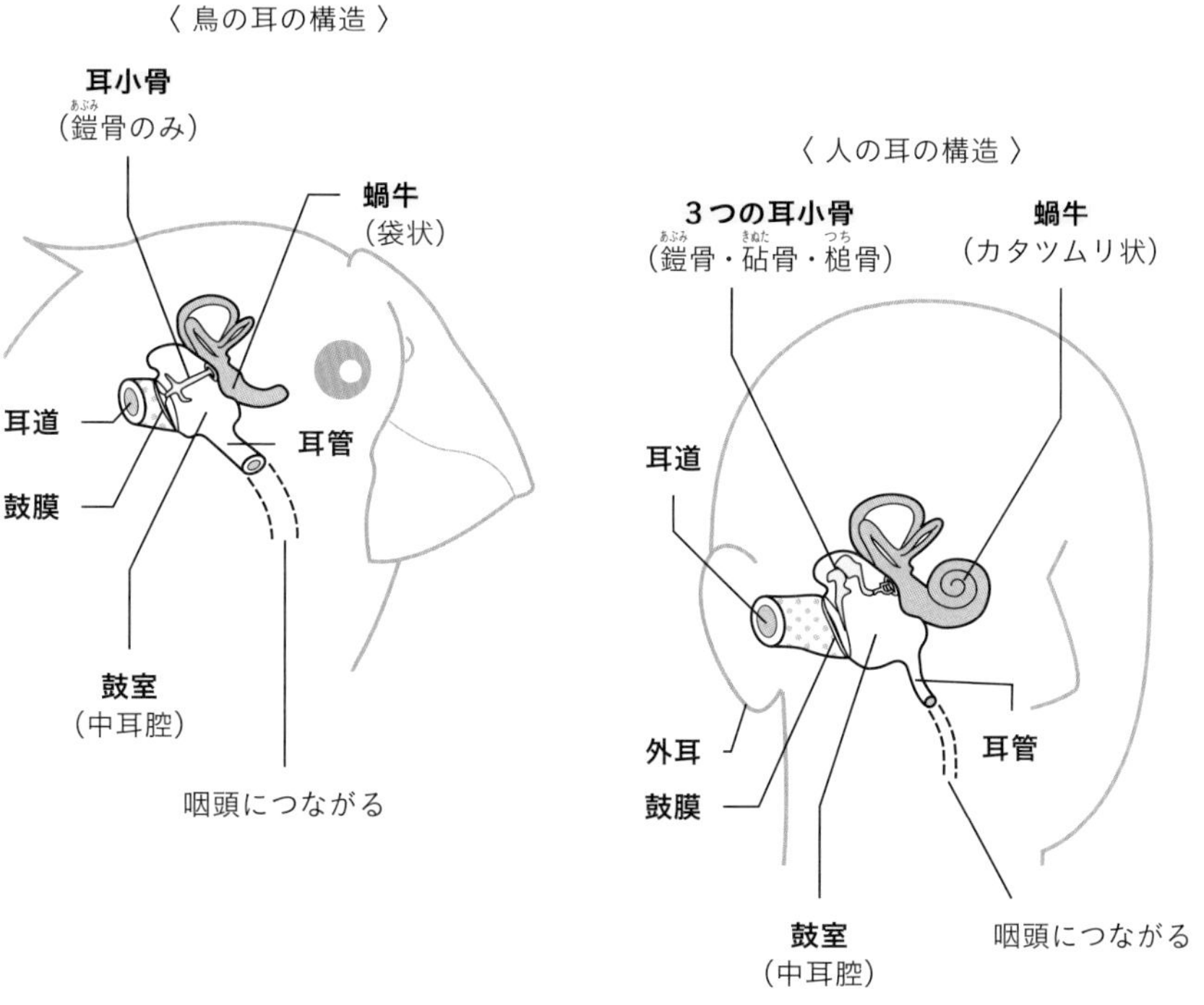

鳥の耳は外耳がない。通常は羽に覆われて隠れている。人の耳と比べて構造はよく似ているが、人よりも比較的簡素なつくりになっている。

体のしくみ

頭蓋骨を通して光を感知する

日照時間と睡眠の違いについて解説します。インコ類は明るい時間が長いと発情刺激になりますが、目を閉じて寝ていても周囲が明るければ日照時間が長いと認識します。脳には松果体《しょうかたい》という光受容器官があり、鳥は頭蓋骨を通して光を感知し、概日リズムを認識しています。

目を閉じても日長がわかる

鳥は目だけでなく、脳の松果体《しょうかたい》でも光を感知しています。鳥の頭蓋骨は薄いため光は脳にも到達するのです。その薄さは、セキセイインコでは1〜2㎜ほど。頭蓋骨はすりガラスのように光を通します。まぶたも薄いので、目を閉じても光を感知しています。鳥は寝ていても、目と松果体で概日リズムを認識できます。発情抑制のために日長を調整する場合、寝ていればよいというわけではありません。目を閉じて寝ていても、周囲が明るいと日長が長いと認識します。日長の調整をする場合は、起きている時間ではなく、明暗時間の調整をしましょう。

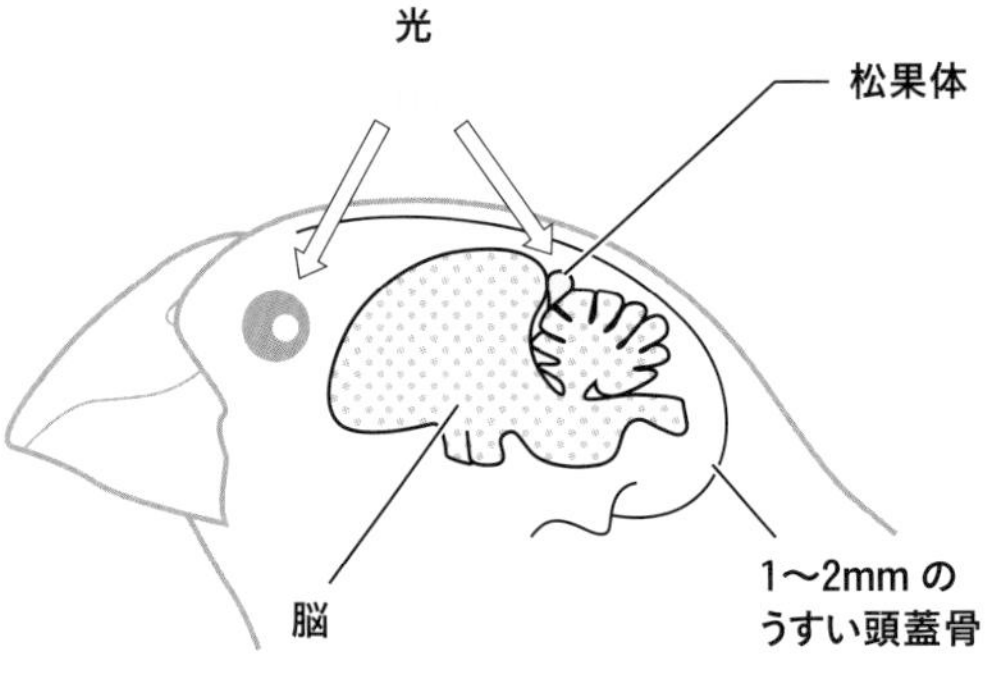

体のしくみ

目がいいひみつは網《もう》膜《まく》櫛《しつ》にあり

鳥の目には網膜櫛というヒダ状の血管構造があります。鳥は網膜の血管の数を大幅に減らし、かわりに網膜櫛から酸素と栄養の供給を得ています。網膜の血管を減らすことでより多くの情報を視細胞から受け取ることができるため視力がよいのです。赤目の場合はメラニンを持たないため、外から見ることができます。

赤目は目が弱いといわれる理由はメラニンがないためです。メラニンは目も紫外線から保護しています。老齢性白内障の原因は紫外線であることがわかっています。目にメラニンがないと直接紫外線が入るため目の老化を早める可能性があります。赤目に限らず紫外線ライトは上から浴びるようにしましょう。

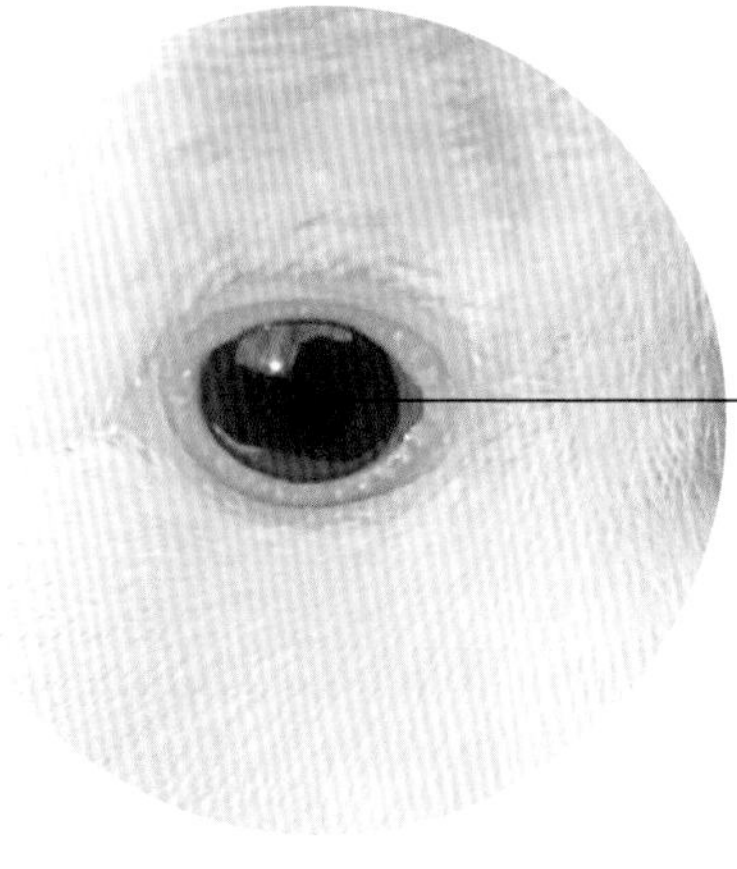

体のしくみ

嘴はたくさんの層から成る

鳥の嘴の先端が２枚爪のようになっているのは、先端が定期的にはがれるからです。嘴を止まり木などにこすりつけるのは、汚れを取るだけでなく表面を削ってはがすためです。下嘴も同じように自分ではがします。嘴の質が悪くなると、はがれずに厚みが出たり、はがれた後がザラザラになります。

嘴は伸びすぎないように暮らしの中で自然と削れる

嘴の表面は爪と同じくケラチンというタンパク質でできています。嘴は常に伸びていますが、内側は上下で削りあい、外側ははがれ落ちることで常に正常な形状を保ちます。特にインコ・オウム類は、ウトウトと眠っている際に歯ぎしりのように嘴の内側をこすり合わせ、外側は止まり木やケージにこすりつけてはがします。

嘴の内部は、左ページの図のように、ケラチン層、真皮、フォーム層、骨層の4つの層でできています。真皮には毛細血管が通っているため、嘴をケガしたり先端を切りすぎると出血します。フォーム層は骨の一部ですが泡のような構造になっており、嘴の軽量化と強度を出しています。

伸びすぎた嘴は原因を探ってケアを

嘴が伸びてしまうときは、嘴のケラチンの固さに異常が出ていることが考えられます。固くなりすぎていたり、反対にもろくなっていることもあります。考えられるのは肝機能障害、高脂血症、過産卵によるタンパク質喪失、必須アミノ酸不足、老化などが原因です。

また、南米産のシロハラインコ類、メキシコインコ類、ウロコインコ類、コンゴウインコ類などは嘴が固いため、飼育下ではうまく嘴が削られずに伸びてしまうことがあります。病気かどうかの鑑別は血液検査で判別することができます。特に異常がない場合は、人の手で定期的なトリミングを行いましょう。

嘴の先端が2枚爪のようにはがれた状態。これが通常。

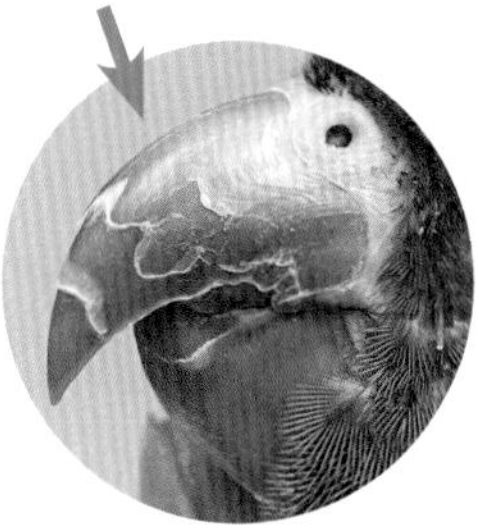

嘴の先端より上の部分がはがれはじめている。嘴を止まり木にこすりつけすぎたことが原因と考えられる。

鳥の嘴の構造

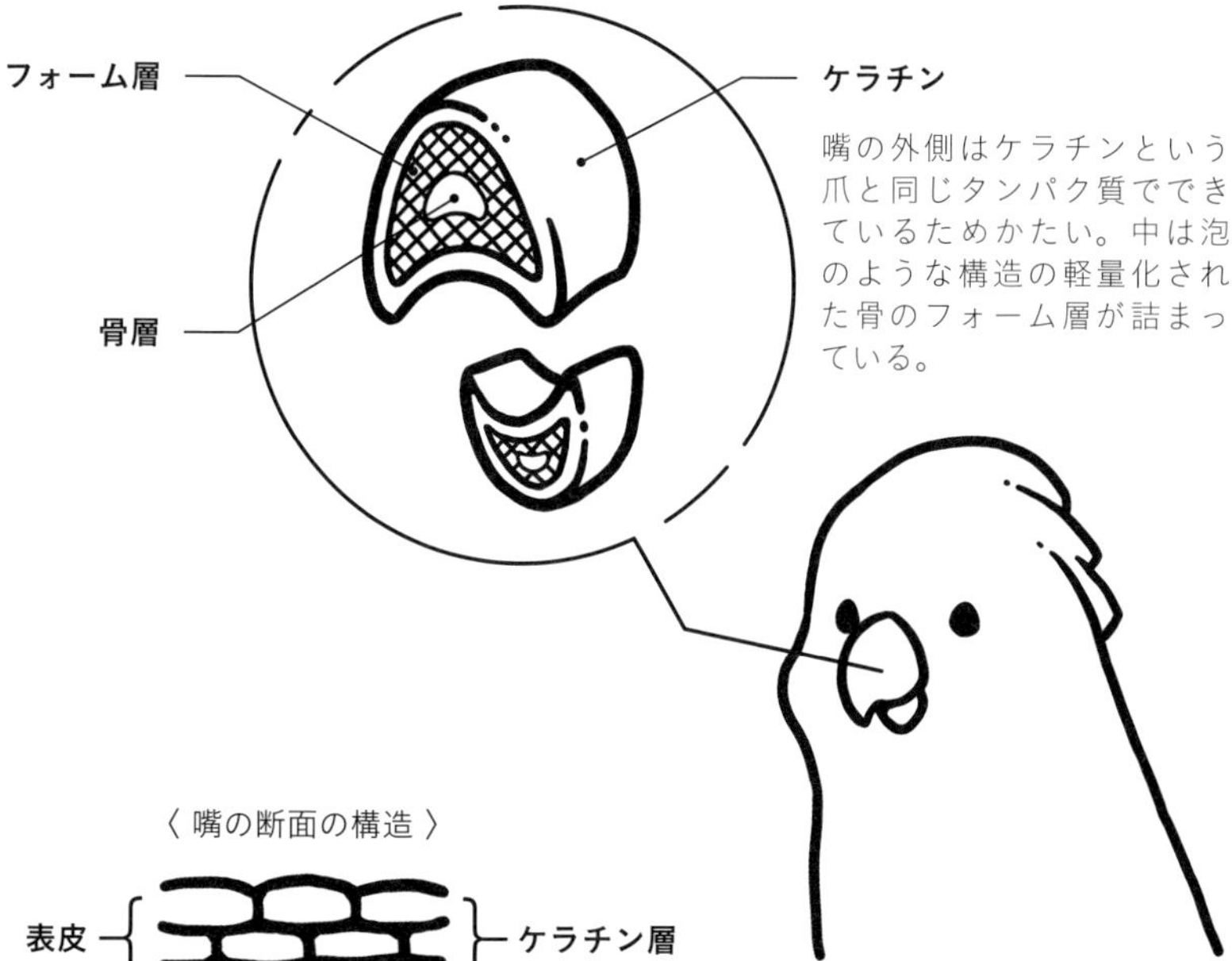

嘴の外側はケラチンという爪と同じタンパク質でできているためかたい。中は泡のような構造の軽量化された骨のフォーム層が詰まっている。

〈 嘴の断面の構造 〉

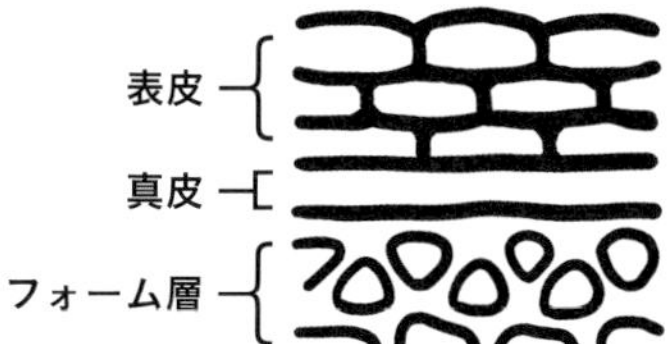

羽が成長するまで

換羽時の頭部の羽鞘《うしょう》は自分の足でかいたり、何かにこすりつけたり、仲間に羽づくろいしてもらうことで取れます。歳をとって頭がかけなくなったり、羽づくろいしてくれる仲間がいなかったり、羽鞘が固くなって取れにくくなると頭がツンツンになります。この場合は指と爪でこすって少しずつ取ってあげましょう。

羽は血液からつくられる

羽は羽鞘《うしょう》というストロー状の鞘に包まれた状態で生えます。この新しく生えてきた羽を新生羽《しんせいう》といいます。新生羽は左ページ図1のように、最初は血液が通った状態で成長します。この血液から栄養をもらいながら羽鞘の中で羽が形成され、徐々に伸びていきます。

新生羽が成長し、内部で羽が形成されると先端から羽鞘が崩れ、羽弁が開きます(図2)。羽鞘は羽が育つと役割を終えます。羽づくろいなどの外部の力が加わることによって崩れ落ちるしくみです。そのため換羽期は、羽鞘が崩れて粉状になった白い物がたくさん出ます(図3)。

老鳥の換羽は飼い主さんがお手伝いを

羽鞘は羽づくろいや足でかいて自ら取るものですが、頭頂部や後頭部付近は取りにくい部分です。何かにこすりつけたり、仲間に羽づくろいしてもらう必要があります。脚の障害で頭をかけなかったり、羽づくろいしてくれる仲間がいない場合は、頭部の羽鞘がなかなか取れないようです。高齢になると羽鞘の質が固くなり、取れにくくなることもあります。このような場合、鳥が嫌がらなければ、飼い主さんが指や爪で軽くこすって取ってあげるとよいでしょう。

羽の生えはじめから成長まで

1

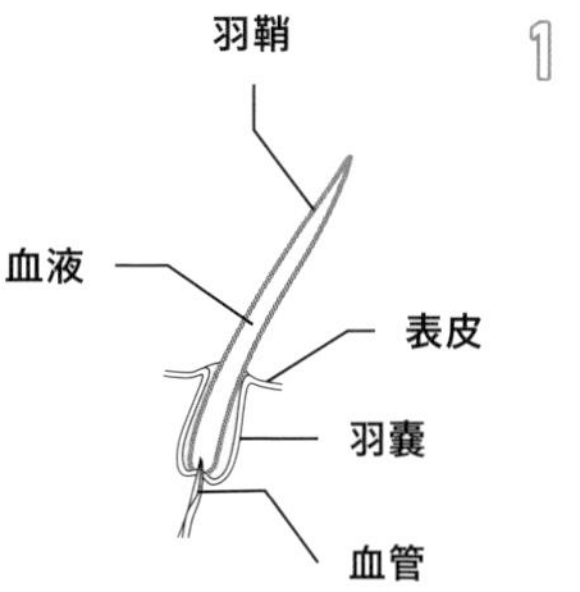

羽の生えはじめ。皮膚の中の羽嚢《うのう》に血液が通り、羽鞘ができる。

2

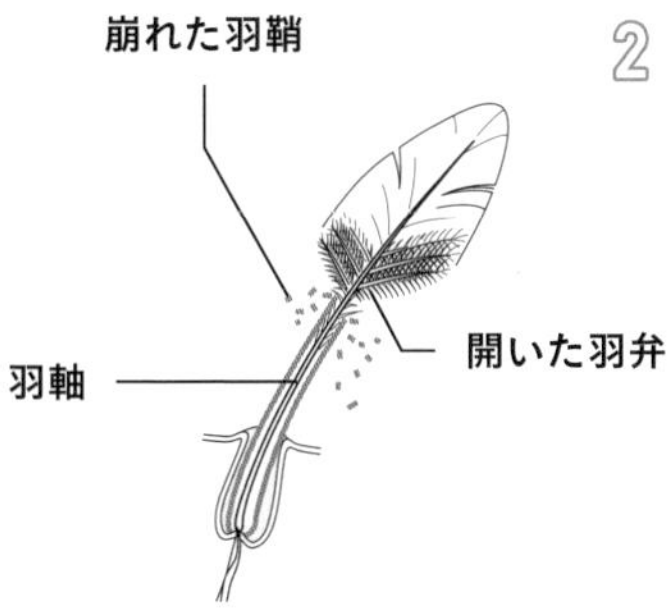

成長した羽鞘の中に羽軸ができる。羽軸の先端には羽弁がある。羽弁が成長し開きはじめると、役割を終えた羽鞘はボロボロと崩れ落ちる。

3

2がさらに進んだ状態。羽鞘内の血液は徐々に減ってくる。羽軸がだんだん細く固くなり、羽軸根（羽柄）となる。

4

成長した羽。羽鞘は完全になくなる。羽を育てる役割が終わったため、羽嚢と血管は離れる。羽が抜けても血が出ないのはこのため。

換羽期の老鳥の頭部。白く目立つのが取りきれていない羽鞘。

体のしくみ

4つの換羽

換羽は必ず全身の羽毛が生えかわるわけではありません。換羽にはすべての羽毛が抜けかわる完全換羽、風切羽・雨覆《あまおおい》・尾羽以外が抜けかわる部分換羽、消耗した羽のみ抜けかわる不規則換羽、何かの原因で抜け落ちた羽が新しく生える補充換羽があります。明確な換羽期がなく不規則換羽が続くこともあります。

1 完全換羽

1回の換羽で全身の羽が抜けかわります。ただし、一気にすべての羽が抜けるのではなく、部分的に断続的に抜け落ちます。ある程度生えてくると次の部分が抜け落ち、また生える……を繰り返して、徐々に全身の羽が抜け換わります。

2 部分換羽

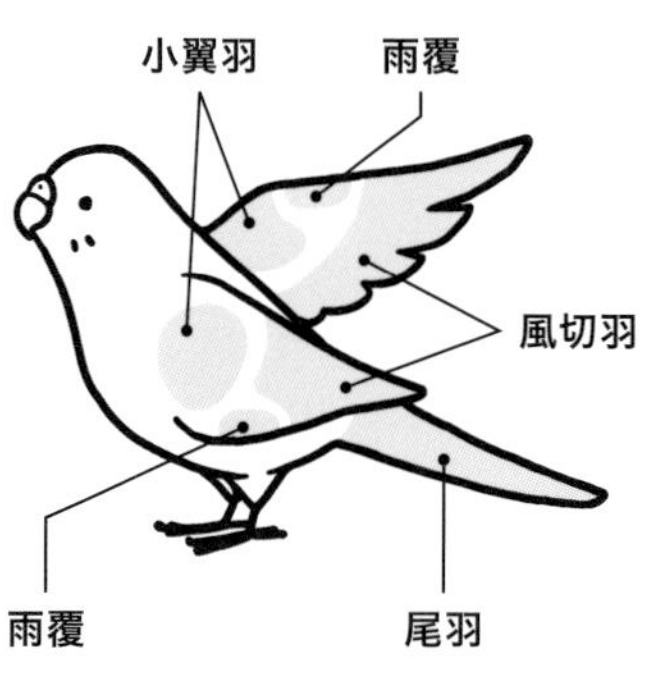

風切羽、雨覆《あまおおい》、小翼羽、尾羽以外が抜けかわることを部分換羽といいます。雨覆とは、翼に生えている羽で、翼上面の上雨覆と下面の下雨覆があり、上雨覆は初列雨覆、大雨覆、中雨覆、小雨覆にわけられます。

3 不規則換羽

消耗して形状が壊れた羽のみが抜けかわることを不規則換羽といいます。明確な換羽期がなく、不規則換羽しか見られなくなる場合もあります。

4 補充換羽

鳥は敵に襲われて急に飛び立つ際に羽が抜けやすくなります。正羽《せいう》が抜け落ちることで、敵の目くらましになるとともに、万が一捕まったときは羽が抜けることで逃れやすくなります。これを「恐怖性脱羽」といいます。鳥がパニックになってケージ内で暴れると羽が大量に抜けるのはそのためです。このようなことで抜けた羽が生えることを補充換羽といいます。ハトの初列風切羽の研究では、換羽によって抜けた羽は2～3日後、なんらかの原因があって抜け落ちた場合は8日後に生えはじめるというデータがあります。羽の平均成長期間は21～37日で、1日に4～5mm伸びるといいます。飼い鳥の羽についての研究結果はありませんが、成長速度は羽嚢《うのう》(羽を形成する場所・87ページ参照)のサイズに正比例することがわかっています。このため、飼い鳥の羽の成長期間についても、ハトの結果がある程度参考になるのではないかと考えられます。

体のしくみ

換羽のしくみ①

換羽が来ないからといってはじめさせることはできません。また換羽が慢性的に続いていても止めることもできません。換羽には温度差が少ない、湿度、日長、栄養、年齢、体調、発情などのさまざまな要因が関係しています。そしてどの要因をどのようにすれば換羽がはじまり、止まるのかはわかりません。

換羽のコントロールは難しい

換羽は温度、湿度、日長、栄養状態、健康状態、発情、ストレス、年齢などにさまざまな影響を受けています。何がどのように換羽に影響しているかは調べることができません。そのため、季節になっても換羽が来ないからといって人為的に換羽をはじめさせることもできず、また、持続的に不規則換羽(89ページ参照)が続いているからといって止めることもできません。

換羽が来ない原因には、病気でエサの摂取量が慢性的に少ない、肝疾患、甲状腺機能低下症、老齢などがあります。老齢の場合はできることはありませんが、ほかのケースは血液検査で診断することができます。あまりにも換羽が来ない場合は、一度調べてみるのも手かもしれません。

換羽が頻繁に来てしまう原因を突き止めるのは難しいです。しかし、年間を通して季節感のない一定した温度・湿度・日長で飼育している場合はそれらの少しの変化に敏感に反応している可能性があります。特に赤道から離れた場所に生息する鳥種(セキセイインコ、オカメインコ、コザクラインコ、ニホンウズラなど)は、温度差のある環境、季節感のある日長を心掛けてみましょう。また、健康状態を改善したり、発情抑制することで換羽を止められることもあります。

体のしくみ

換羽のしくみ②

換羽のときに羽が成長する速度は、昼も夜も同じです。夜は食物を摂取していないため、羽の成分であるタンパク質が足りなくなると、筋肉を壊して材料に使います。そのため換羽中は、体重が減りやすく、調子も崩しやすくなります。体が冷えると吐き気も出るため、換羽中は食事量と温度に注意しましょう。

換羽期は栄養をしっかりと

羽はケラチンというタンパク質でできているため、換羽中はタンパク要求量が増えます。鳥の羽や嘴、爪のケラチンは必須アミノ酸のグリシンの含有量が多いのが特徴です。アワやヒエなどの穀類で補うのは難しく、シード食の場合はサプリメントを与える必要があります。換羽期にはネクトンBiotin®がおすすめです。ペレット食なら、タンパク質が多いタイプのペレットに切り替えるとよいでしょう。

羽は昼夜を問わず成長します。日中は食物中のタンパク質で羽の栄養を補うことができますが、夜間にタンパク質が不足した場合は、体内の筋肉を壊して羽の材料として使われます。このため、日中の食物中の栄養が足りていないと体重が減少し、調子を崩しやすくなります。さらに体が冷えて消化管の動きが悪くなり、吐くこともあります。特に食事制限をしている場合は、今までと同じ量を与えていても体重が急に減りだすことがあるので注意が必要です。趾が冷たい場合は保温をしましょう。

ハリソン社のハイポテンシー®（左）、ラウディブッシュ社のブリーダータイプ®（右）。換羽期の栄養強化ペレットとしておすすめ。

体のしくみ

脂粉と尾《び》脂《し》腺の関係

脂粉と尾脂腺の分泌物は羽の汚れ防止や撥水に役立っています。鳥種にもよりますが、一般的にインコ科は脂粉が少ないですが尾脂腺が大きく、オウム科は脂粉が多く尾脂腺が小さいです。このことからインコ科は主に尾脂腺分泌物、オウム科は脂粉をメインに羽を維持させるよう進化したと考えられます。

オウム科は脂粉、インコ科とフィンチ類は尾脂腺が羽の汚れ防止に役立つ

羽自体にも撥水性は備わっていますが、脂粉と尾脂腺の分泌物はさらに羽の汚れ防止や耐水性、耐摩耗性を維持する役割を持っています。

脂粉は粉綿羽《ふんめんう》の先端が崩れたごく小さな角質の粉末です。粉綿羽は換羽せず、ほぼ一生同じものが生え続けます（抜けた場合はまた生えてきます）。鳥の中でもオウム科は一番脂粉が多いのが特徴です。オウム科の鳥は脂粉が多いかわりに尾脂腺が小さく、インコ科の鳥ほど頻繁には羽づくろいをしません。なかでもボウシインコとアケボノインコは尾脂腺がほぼなく、かわりに脂粉がたくさん出ます。

インコ科やカエデチョウ科（文鳥、キンカチョウなど）、アトリ科（カナリヤ）の鳥は脂粉が少ないかわりに大きな尾脂腺を持ちます（左ページ写真参照）。羽づくろいする際に尾脂線から出る分泌物を嘴や頭につけて全身の羽の手入れをします。

インコ科やカエデチョウ科の鳥の尾脂腺が腫れていたり、オウム科の鳥の脂粉が減ったりした場合には、病気の可能性があるので病院に行きましょう。また、オウム科の鳥が頻繁に羽づくろいをしているのを見かける場合は、ストレスによる自己刺激行動を疑う必要があります。

オウム科の鳥は粉綿羽の先端がポロポロと崩れ、これが脂粉となって辺りに落ちる。

粉綿羽

鳥種別の尾脂腺の大きさ

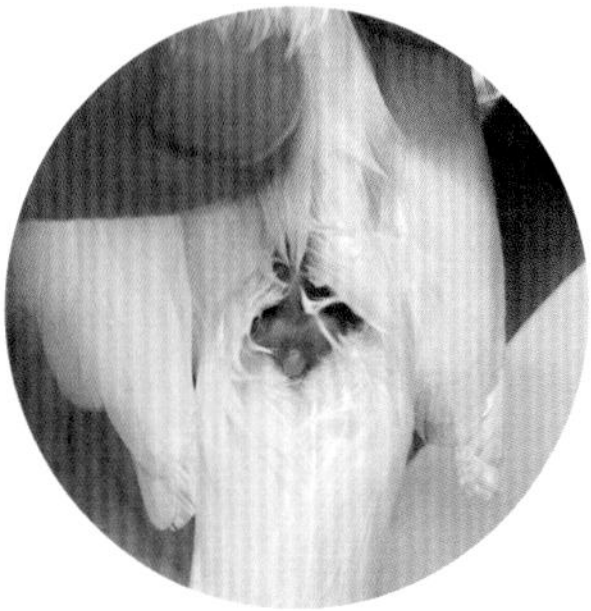

文鳥の尾脂腺

大きく発達している。外から見てもはっきりと目立つため、病気と勘違いされることもあるが、これが正常。

セキセイインコの尾脂腺

文鳥ほど目立たないが、大きな腺が皮膚の下に埋まっている。

タイハクオウムの尾脂腺

存在しているが、発達しておらず目立たない。

体のしくみ

発情臭のひみつ

セキセイインコのメスは発情すると独特のにおいがします。このにおいは尾脂腺から分泌される３種類のアルカノールによるものです。尾脂腺に頭をこすりつけるため頭からにおいがします。オスはメスの４倍のアルカノールを分泌していますがブレンドが異なるためメスのにおいにはなりません。メスはにおいで雌雄を見わけられます。

メスはにおいでも雌雄を判断

セキセイインコのメスには発情臭といわれる独特のにおいがあります。においのもとは、尾脂腺から分泌される3種類のアルカノール（オクタデカノール、ノナデカノール、エイコサノール）です。尾脂腺を頭にこすりつけるため、頭頂部のにおいが強くなる傾向があります。メスに比べてオスは4倍のアルカノールを分泌していることがわかっていますが、メスの方のにおいが目立つのは、3種類のアルカノールのブレンド比の違いにあるようです。このブレンド比の違いによって、メスは雌雄を見わけます。

セキセイインコ以外にもコシジロキンパラ、キンカチョウ、キマユホオジロ、ミヤマガラスなどの多くの鳥で、雌雄で異なるにおいを持つことがわかっています。

体のしくみ

脳は半分ずつ寝る

鳥の睡眠は人と異なります。鳥の多くは半球睡眠です。半分の脳が寝ている間、半分の脳は周囲を警戒するために起きています。メキシコインコの研究では1日の57%は寝ていることがわかっており、起きているように見えても半分の脳は寝ていることがあります。連続した長い睡眠の必要性は疑問視されています。

人はできない「半球睡眠」

左右の大脳半球が片方ずつ交代で眠る現象を「半球睡眠」といいます。鳥の脳波をはかると、片側は覚醒時の脳波、反対側は睡眠脳波が同時に出現します。

野生下の鳥は睡眠中に捕食者に襲われる可能性があるため、常に周囲を警戒できるように進化した機能だと考えられています。鳥はぐっすり寝ているように見えても、ちょっとした物音や気配で起きます。起きているように見えても、半球睡眠中は片目だけ閉じていることがあります。ただし、常に半球睡眠状態ではなく、メキシコインコは1日の43％は両方の脳が覚醒している状態で生活します。人と同じように、ごく短時間だけ全球睡眠状態になることもあります。半球睡眠ができると寝不足にはならないのかもしれませんが、夜間は体を休める大事な時間です。夜ふかしは避けましょう。

体のしくみ

鳥ならではの消化システム

インコ・オウム類、フィンチ類は盲腸を持たず大腸もほとんどありません。そのため哺乳類に比べて消化管が短く食物の通過速度が速いです。人のような便秘になることはほとんどなく、便が出ないときは腸閉塞や胃腸腫瘍、腹膜炎、排便神経・筋障害、卵詰まりや腫瘍などの物理的圧迫などによって起こります。

食物の消化管通過時間は食物特性、食性、消化管の解剖学的特徴、体の大きさによって異なりますが、穀食鳥は40 ～ 100分、果食鳥は15 ～ 60分、蜜食鳥は30 ～ 50分です。しかし、そ嚢《のう》から食物が完全に排出されるのにはセキセイインコで最大11.75時間かかります。

鳥には単純な便秘がない

インコ・オウム類、フィンチ類は盲腸が退化しているため、哺乳類のような長い大腸を持っていません。体を軽量化し、飛ぶことに特化した体に進化したためと考えられています。食物を摂取した後は、体が重くならないように素早く栄養を吸収し、排泄します。

鳥ならではの消化システムは、消化管内の食物量に依存するという特徴があります。そ嚢《のう》に常に食物があるように断続的にエサを摂取していると、排泄の速度が速くなります。摂取量が少ない場合は、食後すぐに排泄されることはなく、消化管内の通過速度が遅くなるしくみです。完全な空腹になるとエネルギー源を失ってしまうからです。

また、ほかの生き物に比べて消化管の通過時間が短いため、便はほとんど硬くなりません。鳥には人で見られるような単純な便秘がないのです。ですから排便がまったく見られない場合は、早急に対処しなければなりません。

突発的な排便障害で多いのが、セキセイインコのキビ詰まりです。キビがすり潰される前に胃から出てしまうと、キビの粒は大きいため、ちょうど鳥の回腸に詰まってしまいます。キビ詰まりが疑われる場合は、緩下剤と消化管のぜん動促進治療を行い排泄させます。一度なると再発することもあるので、キビなしのシードミックスかペレットに切り替えることをおすすめします。

また、全身感染や腹膜炎などで腸のぜん動が止まると排便が止まることがあります。

鳥の消化システム

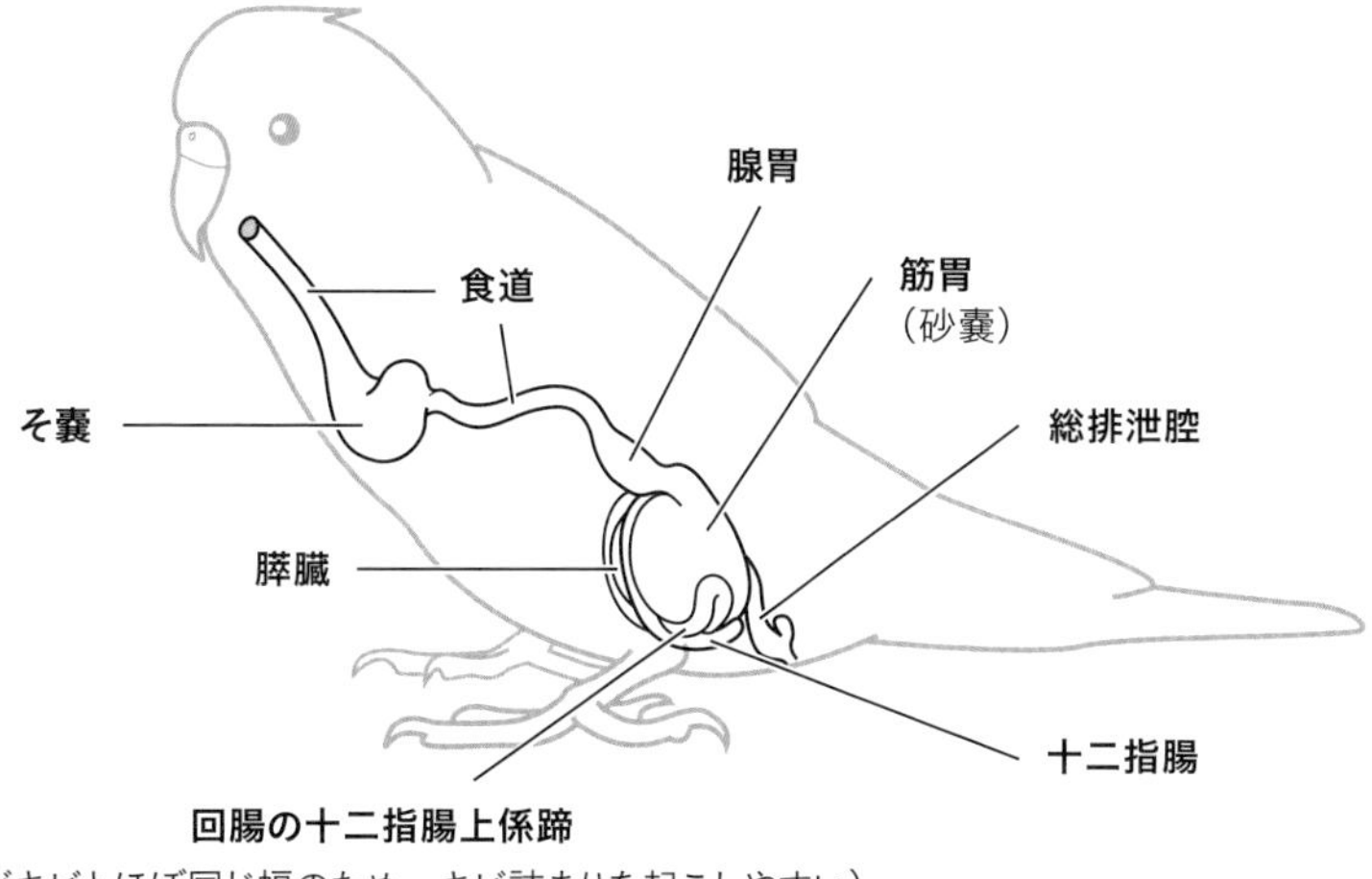
（ここがキビとほぼ同じ幅のため、キビ詰まりを起こしやすい）

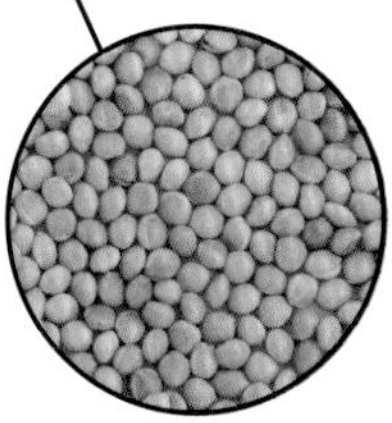

キビ

イネ科キビ属。脂質が少なめでヘルシーなシードだが、粒が大きい。一度キビ詰まりを起こしたら、なるべく与えないようにするのがベスト。

体のしくみ

そ嚢《のう》は頑丈！

鳥は食物を咀嚼してから飲み込むわけではありません。そ嚢は食物通過のダメージから保護するために厚く角質化した上皮を持っています。そのため容易にはそ嚢炎を起こしません。特に細菌性そ嚢炎は稀な病気です。そ嚢炎と診断されて抗生物質が処方された場合は、診断が間違っている可能性があります。

食道とそ嚢は特別な粘膜でできている

鳥は人のように食べ物を咀嚼せず、丸飲みできる大きさの物はそのままそ嚢まで届きます。このため、硬いものが通っても粘膜が傷つかないようにインコ・オウム類、フィンチ類の食道からそ嚢の粘膜は「角化重層扁平上皮《へんぺいじょうひ》」になっています。

角化重層扁平上皮は皮膚と同じ構造で、薄い細胞が積み重なってできた上皮（皮膚）です。この表面に、死んだ細胞が硬くなって残った角質層があります。少し言葉が難しいですが、「重層扁平上皮」とは人の口の中や喉などの粘膜と同じです。それに角質ができ

鳥種によって異なるそ嚢の形

オカメインコのそ嚢

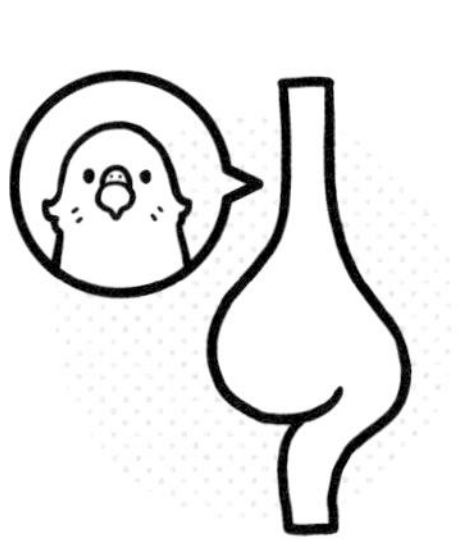

セキセイインコのそ嚢

てさらに硬くなったものをイメージしてみてください。まったく同じではありませんが、人の足裏の表皮などがこれに近い状態です。そ嚢の表面の丈夫さが伝わるでしょうか。

とはいえ、足裏のように表面に出ているわけではなく、あくまでも内臓の一部です。そのため、細菌や真菌などの感染に強く、摩擦や刺激に強いのが特徴です。

そ嚢は感染に強い

角質層は常にはがれ落ち、新しい層を作り出します。いつも新しい組織が作られているので病原体が深層まで入り込みにくく、食道炎やそ嚢炎を起こすことや吐き気の原因になることも非常に稀です。

仮にそ嚢液検査（114ページ参照）で細菌やカンジダが検出されたとしても、菌がいるから感染しているというわけではありません。そ嚢内には常在菌がおり、そ嚢液検査で菌が出るのは普通のことです。

鳥のそ嚢炎を引き起こす原因のなかで一番多いのは寄生虫のトリコモナス（128ページ参照）です。トリコモナス症の発生は主に文鳥とセキセインコで、時折オカメインコにも見られます。

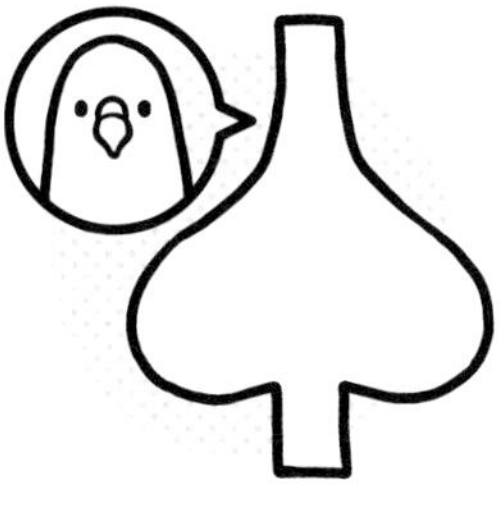
ハトのそ嚢

文鳥のそ嚢

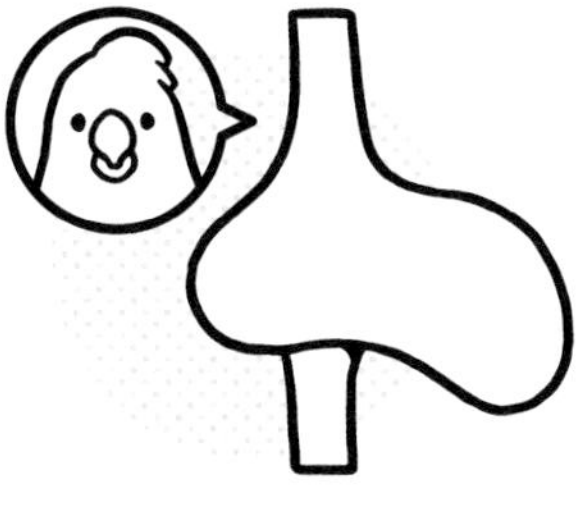
白色オウム類のそ嚢

体に卵ができるまで

卵は、排卵から産卵まで約24時間です。数日かけてつくられるわけではありません。おなかに卵を触って１日経っても産まなければ、卵詰まりです。詰まった場合は、早急に対処しないと、圧迫で出せなくなり、手術が必要になることもあります。様子を見てと説明する病院もあるので、注意して下さい。

卵黄に卵白がつき、最後に卵殻が形成される

メスが受精すると、卵巣の卵胞内に卵黄が排卵され、卵管采《らんかんさい》に取り込まれます。卵管采は卵子を受け止める役割があるので、ラッパのように開いた構造をしています。

次に卵黄は卵管のぜん動によって、卵管膨大部に運ばれます。このとき、卵黄のまわりに卵白が付着します。そして、卵管狭部で卵殻膜《らんかくまく》が形成されます。卵殻膜はニワトリの卵の殻の内側についている薄い膜のことです。最後に子宮部にたどり着くと、卵殻が形成され、白い卵となって産卵します。

卵は約１日でできてしまう

ここまでの過程は鳥種にもよりますが、24〜27時間です。卵は数日かけてつくられるわけではありません。おなかが大きくなっているのを見つけたら、1日以内に産む可能性があると考えてください。特におなかを触った際に卵のようなものに触れる感覚があるにもかかわらず、1日経っても産卵しないのは卵詰まりです。卵詰まりは早急に病院で治療をする必要があります。

卵詰まりについては、142ページを参照してください。

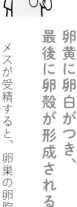

体内で卵がつくられてから産卵するまで

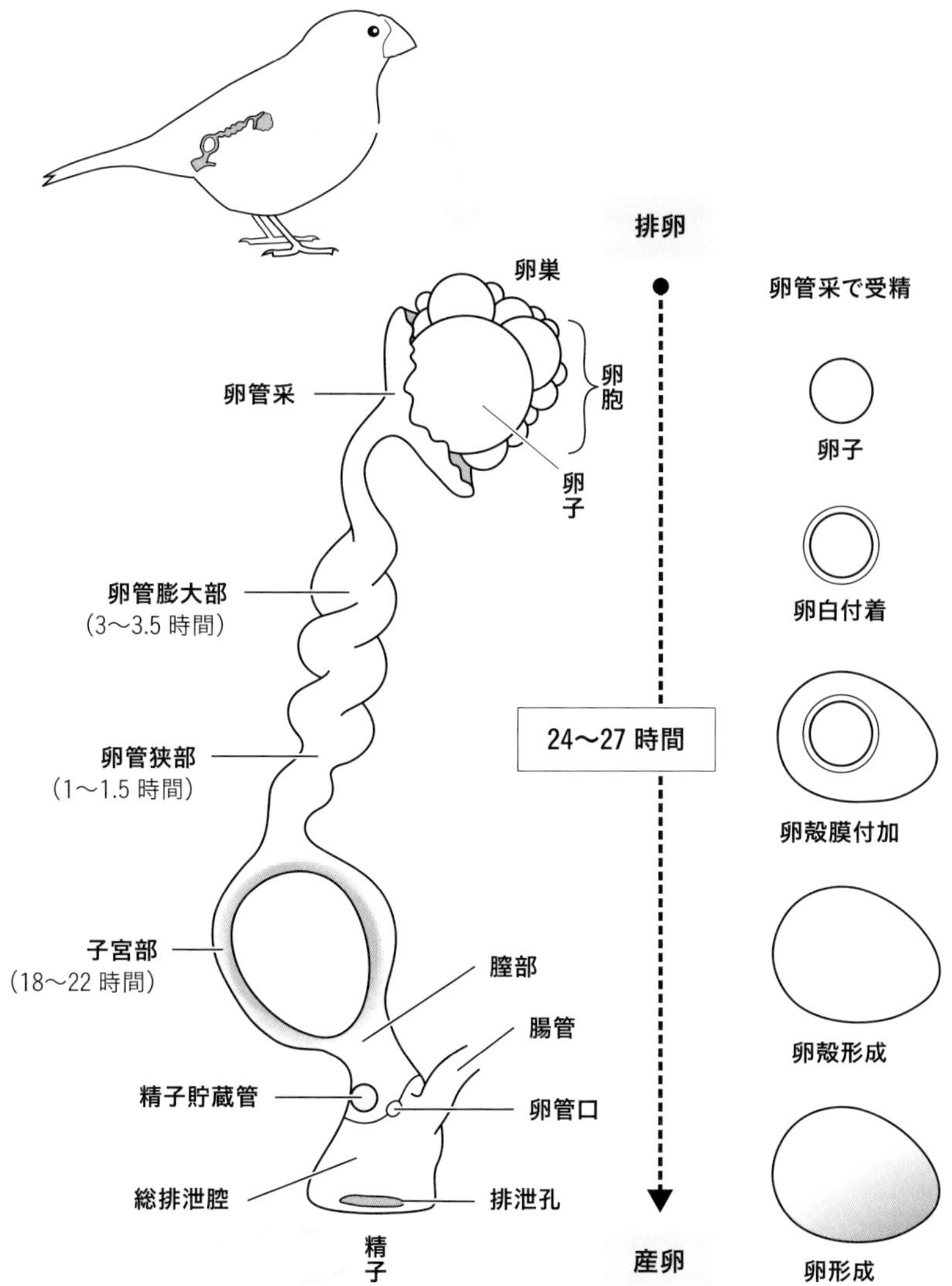

2つの産卵様式

インコ類は１日おき、フィンチ類は毎日産卵しますが、間が開くこともあります。特に巣作り、巣ごもりのステップを踏まない場合には不規則な産卵になりやすいです。また確定産卵鳥でも必ずしも１クラッチ分産卵するわけではありません。そうなっても心配はありませんが卵詰まりだけは見逃さないで下さい。

確定産卵鳥と不確定産卵鳥の2種類に分かれる

確定産卵鳥は1回の発情で発達する卵胞（黄身ができる袋・101ページの図参照）の数が決まっており、その数しか産卵しません。

不確定産卵鳥は1回の発情で発達する卵胞の数に制限はなく、1クラッチ分（※1）の産卵を終えたことを鳥自身が認識することで卵胞の発達が止まるしくみです。

産卵様式は、鳥種によって異なり、どの鳥がどちらにあたるかは、詳しく解明されていません。細かな鳥種別の産卵様式は左ページの表を参照してください。

インコ・オウム類は最短で1日おき、フィンチ類は毎日産卵することができます。しかし飼われている鳥は、野生下のような正常なステップ（①巣作り↓②巣ごもり↓③産卵）を踏まず、巣作りしないで産卵することがほとんどです。規則正しく産卵せず、産卵間隔が空くこともあります。

抱卵経験は発情しやすくなる

確定産卵鳥も不確定産卵鳥も排卵されなかった卵胞は体に吸収されます。産卵途中でも発情抑制を行うことで産卵を防げるケースがあります。

また、不確定産卵鳥自身が1クラッチ分の卵を産んだかの判断は、視覚ではなく胸から腹部に当たる卵の感覚で認識していると考えられています。そのため偽卵を与えて抱卵させることで早めに産卵が止まる可能性があります。

しかし発情が抑制されると同時に抱卵反応（※2）が出ます。偽卵を抱卵させたという経験が母鳥にとってこの場が安全な環境だと認識させることになり、抱卵後に再び発情を回帰しやすくなる可能性が考えられます。

発情が強い場合は、偽卵による抱卵反応で発情抑制するのではなく、ホルモン剤による科学的去勢を行うことが推奨されます。

鳥種別の産卵様式

《確定産卵鳥》	《不確定産卵鳥》
文鳥（同じスズメ目のイエスズメが確定産卵鳥のため）	セキセイインコ（論文によっては確定産卵鳥）
コザクラインコ（＊）	オカメインコ
キエリクロボタンインコ（＊）	ウズラ
ルリコシボタンインコ（＊）	ニワトリ
カナリヤ	アヒル
ハト	
コシキヒワ（＊）	

＊が付いている鳥は、不明確。細かな鳥種別の産卵様式はまだ研究で解明されていない。

※1　1クラッチ……1回の繁殖時に産む卵の数。鳥種によって数は異なるが、一般的には4～7個。

※2　抱卵反応……卵を見るとすぐに抱く、鳥の本能行動のこと。ほかにもヒナの声を聞くと母鳥がケアする、ヒナの口を見るとエサを与える、オスが近づいたらのけぞるなどの交尾受容姿勢も本能行動による反応です。

小さい鳥ほど血圧が高い！

鳥の安静時の最高血圧は90～250mmHgで小さい鳥ほど血圧が高いです。そのため小型の鳥ほど心疾患が多く発生します。特に文鳥は老齢性の心疾患が多く老化によって血管の弾力性が下がることが血圧上昇につながり心疾患を引き起こしやすくなります。心疾患の予防には血管年齢を若く保つことが重要です。

血管年齢を若く保つには活性酸素を抑えることが必要で、それにはバランスのとれた食事、適度な運動、ストレスの少ない生活、メスの発情抑制などがあります。

長生きの秘訣は胃にあり

鳥の胃は腺胃《せんい》（前胃）と筋胃（砂嚢《さのう》）にわかれています。腺胃は消化酵素と胃酸を分泌しています。歯のない鳥は食物を筋胃ですり潰しています。長生きの秘訣は筋胃に過剰な負担をかけないことです。シードの食べすぎは筋胃に負担がかかります。ペレットは筋胃に負担をかけない点からもおすすめです。

顔で仲間を見わける

セキセイインコは仲間を顔で見わけていることがわかっています。顔の色と模様、虹彩の色、瞳孔のサイズが判別に使われています。このことからセキセイインコは人も顔で識別している可能性があります。また顔の色と目を見ていることを考えると、ここから体調や感情を読み取っている可能性がありますね。

メスのろう膜は自然とはがれる

セキセイインコのメスのろう膜はエストロゲンによって角化して盛り上がり褐色化します。通常は発情が止まるとはがれますが、体質によってははがれないことがあります。その場合どんどん盛り上がって鼻孔を塞ぐことがあるので、はがしてあげましょう。保定できないときは、病院でやってもらいましょう。

目尻が深いと目やにがたまりやすい

オカメインコには眼瞼裂《がんけんれつ》(上下のまぶたのあわせ目)が大きい個体がいます。眼瞼裂が白目より大きいと結膜が露出して乾燥して刺激になるため涙目になりやすく、目尻に目やにが溜まりやすくなります。涙で周囲の羽毛がヨレて目に入ると涙がひどくなります。その場合は羽毛をトリミングすることもあります。目やにがつく場合は取ってあげましょう。

換羽期のあくび

こちらは喉がイガイガしているときのセキセイインコのあくび様行動です。気持ち悪そうに見えますが、吐き気ではありません。喉がイガイガする原因の多くは、換羽中に出る白や黒の粉（羽鞘・86ページ参照）が喉につくことです。長時間やっている場合は、水を飲ませることで治まりやすくなります。

第4章

病院 病気を知る

多くの人が
病院・病気の正しい知識を
身につけることで
飼い鳥のQOL向上につながります。

よい病院の見わけ方

病院リストの要望が多いですがこれはつくるのが難しいです。病院やそこの先生を知っていても実際の診療方針や技術、設備、診療中の人柄などがわからないからです。筆者の病院で勤務医をしていた先生であればある程度はわかるのですが、ほかの病院はまったくわかりません。そこでよい病院の見わけ方をお伝えします。

1. 病気の原因、現在の状態、治療方針、予後について説明がある。
2. 設備が整っており検査を積極的に行い結果の説明がある。
3. 保定、そ嚢《のう》液採取、採血を安全に行うことができる。

最低限この3つが満たされていればしっかりと鳥を診れる病院と言えると思います。

病院選びは相性も大事

鳥を診る病院は非常に少なく、もし行ける範囲に鳥の病院があったとしても必ずしも飼い主さんにとってよい病院とは限りません。病院と飼い主さんには相性のようなものがあると考えています。また、鳥を診察できると書いてあったとしても、すべての病院が同じ医療レベルを持っているわけではありません。診療のポリシーや診療レベル、どのような設備があるのかがわかると病院選びの助けになりますが、飼い主さんがわかるように情報が開示されていることは少ないのも事実です。

よい病院かどうかを判断する3つのポイントを次のページで説明します。

病院判断の3つのポイント

1 きちんとした説明があるか

鳥の病院は数が少ないために、非常に混みやすい傾向にあります。そのためか、病院によっては時間を優先するあまりに説明をほとんどしないところもあります。病気のことは獣医師がわかっていればよいという考えの場合、検査結果の説明もなく、薬の種類さえ教えてくれないこともあります。これは人の医療ではありえないことです。

下記の説明をしっかりとしてくれるかどうか、または飼い主さんが聞いた際にしっかりと答えてくれるかどうかがよい病院を判断するポイントです。

獣医師が飼い主さんにすべき説明

- ☑病気の原因は何か、もしくはどのような可能性があるのか
- ☑現在鳥はどのような状態なのか
- ☑検査結果による診断もしくは疑われる病気は何なのか
- ☑治療方針の提示と説明はあるか
- ☑予後はどのような経過を取るのか

2 設備が整っているか

病気の診断に最も多く使われるのは、レントゲンおよび超音波による画像診断です。

画像診断装置は病院の方針が出やすい設備です。よい画像がつくれる装置ほど高価なため、画像の質を見れば検査精度に意欲的な病院かどうかがわかります。

現在のレントゲン装置はデジタルが主流です。下記のような状況の場合は、診断に力を入れていない病院ととらえることができます。検査で得られた画像を見せてもらえるか、それに対してのきちんとした説明があるかも大きな判断ポイントとなります。

病院としてあまりよくない例

- ☑デジタル撮影ではないレントゲンフィルムで診断している
- ☑デジタルレントゲンでもぼやけた画像で診断している
- ☑超音波画像診断装置が病院にない、もしくはかなり古い機器を使っている
- ☑検査した画像を飼い主さんに見せてくれない
- ☑検査した画像に対しての説明がない

3 保定、そ嚢《のう》液採取、採血を安全に行えるか

獣医師の技術に差が出やすいのが、保定、そ嚢液採取、採血です。

獣医師になれば自然と技術が身につくというわけではありません。それはどんな技術職でも同じことです。鳥の保定がうまいかどうかは、飼い主さんの目から見ても判断がつくでしょう。鳥が暴れたり、獣医師が指を噛まれたりしているために傷が多い場合は、保定技術に難があるかもしれません。

そ嚢液採取と採血は、正確に行えば危険な行為ではありません。しかし、これらをリスクが高いと飼い主さんに説明する獣医師は、経験が浅いといえるでしょう。

採血が苦手な獣医師も、なかなか血液検査をしない傾向にあるようです。早めにやるべき病態であっても、ちょっと体重が下がったから、換羽がはじまったからと何かと理由をつけて検査を先延ばしにします。このようなことを言われた場合は、転院やセカンドオピニオン（116ページ参照）を検討した方がよいでしょう。

横浜小鳥の病院のポリシー

筆者の病院である横浜小鳥の病院のポリシーは、EBMです。EBMとは90年代にアメリカで発案され、日本でも浸透してきた医療の考え方で、"evidence-based medicine"の頭文字を取ったものです。科学的エビデンスをベースに、医療者の経験と飼い主さんの価値観を統合してよりよい医療を行うことを目指しています。

科学的エビデンスとは、科学的研究で明らかになった証拠のことで、主に学術雑誌で公表された論文のことを指します。飼い鳥においても多くの論文が公表されており、これらの内容に基づいたり、外挿して診療を行います。当院では、常に最新の論文を取り入れた診療を行っています。

そして、獣医師が多くの症例の診療経験を積むことを重視しています。臨床は経験に基づくといっても過言ではありません。鳥を診療するには、鳥種による病気の傾向、雌雄別の病気の傾向、年齢別の病気の傾向などの知識を持たなければなりません。また、適切な保定、そ嚢液採取、採血、画像診断などのスキルが必須です。これらはいかに多くの症例を経験してきたかによって差が出ます。そして、ただ長く経験したからよいのではなく、いかに適切に経験したかが重要です。当院には多くの獣医師が在籍していますが、偏った考えや診療が起こらないよう、常に獣医師どうしで症例のディスカッションをしています。

最後に決して忘れてはいけないのが、飼い主さんの価値観を尊重するということです。診療方針が飼い主さんの意向に沿っているかを常に確認するようにしています。当院では、鳥の病状を説明して治療方針を提示し、飼い主さんに納得がいく治療ができるようにインフォームド・コンセントを行っています。

病院

入院のメリットとデメリットを知る

病院で入院をすすめるのは、食欲がないときや通院では回復が見込めないときです。しかし状態によっては入院中に亡くなる可能性もあります。飼い主さんは治してあげたい、けれどももしものときは看取りたいと悩むと思います。病状をよく聞いて、後悔のないよう主治医とご家族とで相談をして治療方針を決めましょう。

入院が納得できるか獣医師と相談を

治療を行う際の大半は通院となります。しかし、食欲がまったくない場合、呼吸困難や吐き気がひどい場合、中毒やけいれん発作、外傷、下血、卵詰まりなどがある場合は入院が必要、もしくは推奨されます。

鳥は代謝が高いため、食餌を食べないとすぐに体重が下がります。入院をすると人間でいう点滴にあたる皮下補液と獣医師による強制給餌が可能です。脱水や吐き気を抑え、カロリーを補給することで治癒率を上げることができます。

また、呼吸状態が悪い場合は酸素室に入れることで、回復するまでの期間を楽に過ごさせることができます。

入院治療のデメリットは、鳥が知らない環境に置かれることでストレスを感じてしまう点です。どの程度のストレスがかかるかは病態と個体差が関与しますが、入院が長引くとうつ状態になる鳥もいます。容態が急変した場合は飼い主さんが看取れない点も考慮しなければなりません。看取れなかったことが後悔につながることもあります。回復の見込みが低い場合や急変する可能性が高い場合には、主治医とよく相談して方針を決めましょう。

健康診断を受けよう

鳥の簡易健康診断は、身体検査、そ嚢《のう》液検査、糞便検査を行いますが、得られる情報は限られます。1歳以上の鳥の病気の早期発見、適切な食事や生活ができているかを診断するには人間ドックのように総合健康診断が必要です。健康診断は年に2～3回、そのうちの1回はバードドックがおすすめです。

まずは一般的な健康診断で体をチェック

鳥の健康診断は身体検査、そ嚢《のう》液検査、糞便検査を行います。身体検査では、視診・触診によって体の部位別にチェックを行います(左ページ参照)。そ嚢液・糞便検査は、細菌叢《そう》(32ページ参照)の乱れ・真菌・寄生虫・炎症性細胞の有無を顕微鏡で観察します。

しかし、これらの検査だけでは、必ずしも健康であると言い切れません。元気そうに見えても、内臓の機能が弱っていることがあります。鳥の隠れた病気を早期に発見するには、レントゲン検査と血液検査、遺伝子検査が必要です。

詳しい検査で病気を早期発見

レントゲン検査では、主に骨格と内臓の状態を確認します。メスは骨の状態で発情の有無を検出できます。また腹腔内の脂肪量や結石、動脈硬化、腫瘍の有無も早期に発見できます。

血液検査では主に肝・腎機能、血糖値、脂質を調べます。肝・腎障害、糖尿病、脂質異常症の早期発見につながります。メスの発情の体への影響も調べることができます。

遺伝子検査は、感染症の有無を調べる検査です。なかでも鳥クラミジア症は人獣共通感染症のため、年1回は遺伝子検査を受けることを推奨します。

鳥の健康診断①

目のチェック

耳鏡やルーペを使って、目に異常がないか視診を行う。

口腔内のチェック

耳鏡《じきょう》を使って、口腔内に異常がないか視診を行う。

肉付きチェックほか

体型・体格、胸筋の肉付き（ボディコンディション）を触診で確認する。このほかにも、皮下脂肪の有無、嘴、爪、羽毛、毛引き・自咬の有無、尾脂腺のチェックを行う。

心音チェック

聴診器を使って、心音と呼吸音を確認する。

鳥の健康診断②

糞便検査

肉眼的に糞便、尿酸、水分尿をチェックします。糞便を顕微鏡で観察し、細菌叢のチェックから真菌、寄生虫、炎症性細胞の有無、デンプンや脂肪の消化状態を確認する。

そ嚢《のう》液検査

そ嚢液を採取して顕微鏡で観察する検査。細菌叢（32ページ参照）のチェック、真菌、トリコモナス、炎症性細胞の有無をチェックする。

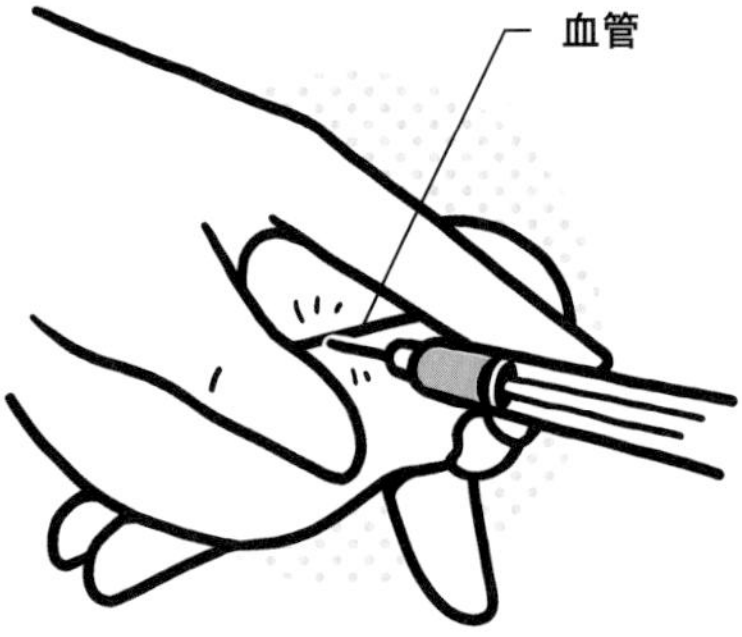

血液検査

採血を行い、生化学検査や血球計算を行う。主に肝・腎機能、血糖値、脂質をチェックする。

レントゲン検査

主に骨格と内臓の状態を確認します。骨格異常・骨髄骨の有無、心臓、肺、気嚢、甲状腺、胃、肝臓、腎臓、生殖器の状態をチェックする。

通院キャリーに水は入れない

通院時に水は入れないようにしましょう。こぼれた水で便が濡れると評価ができなくなります。また水が趾や羽につくことで体が冷えてしまっていることがよくあります。通院時は緊張しているため水は飲まないことが多いです。通院に時間がかかって心配な場合は途中で一時的に水を入れて飲ませるとよいでしょう。

水がこぼれると糞尿の検査に影響が出る

病院へ通院する際に鳥の喉が渇いてしまったり、水を入れないと脱水してしまうのではないかと心配になる飼い主さんは多いかと思います。しかし通院中のキャリーに水を入れてしまうと、こぼれた水で床が濡れてしまい、便と水分尿の評価や検査ができなくなります。排泄物の評価と検査は診断にはとても重要なので、水と混ざらないようにしなければなりません。

こぼれた水が趾につくと鳥の体温を奪い、体が冷えてしまうことがあります。羽に水がつくと保温性が低下し、さらに体温を失ってしまいます。調子の悪い鳥にとって体温の低下は状態を悪化させるきっかけになりかねません。水のかわりに青菜や果物を入れて水分補給させるのがおすすめです。ティッシュに水を含ませたものを水入れに入れておくのもよい方法です。

それでも通院時間が長くて心配な方や、病気で多飲がひどい場合は鳥が逃げないような場所で一時的に水を与え、飲んだら水をキャリーから出して移動をします。ただし、くれぐれも脱走のリスクは忘れないでください。

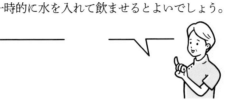

セカンドオピニオン

病院に質問しても納得できる答えが聞けない場合、セカンドオピニオンを躊躇しないでください。良心的な獣医師はより専門性の高い病院を紹介してくれますが、獣医師まかせだと何も言われないことも多いです。セカンドオピニオンは検査結果と治療履歴を通っていた病院からもらって行くのがベストですが、何も持たずに行っても大丈夫です。

セカンドオピニオンとは

セカンドオピニオンとは、飼い主さんが主治医以外の獣医師に病気の見解をたずねることです。近年、鳥の医療は目覚ましく進歩し、多くの研究報告があります。一昔前のようにどの病院でも同程度の医療レベルということはなく、病院によって情報の取り入れ方や医療技術・設備・経験に大きな差があると言ってよい状況かと思います。そのため、複数の病院の獣医師の意見を聞いて治療法を選択できるセカンドオピニオンは、合理的かつ効率的な医療の実現には欠かせないものです。ましてや大切な愛鳥の問題ですから、主治医の意見とあわせてほかの獣医師の意見についても積極的に求めていくべきでしょう。

セカンドオピニオンのメリット

セカンドオピニオンの最大のメリットは、飼い主さんが治療に対して納得できるという点です。たとえば主治医からAという治療法を提案され、別の獣医師にセカンドオピニオンを求めた際にその医師も治療Aに賛同すれば、飼い主さんは「治療Aで間違いなさそうだ」と納得できます。場合によっては別の治療法を知り、選択の幅が広がることにもつながります。今までできなかった検査や手術が受けられるようになることもあります。

セカンドオピニオンを受ける前に

セカンドオピニオンを希望する前に注意しなければならない点は、飼い主さん自身がファーストオピニオンである主治医の見解をしっかりと理解することです。直感やネットの情報などによる自己判断で「主治医の治療方針が納得できない」と判断しないようにしましょう。主治医の説明でわからない部分があればまずはしっかりと質問をし、主治医の見解を理解します。ファーストオピニオンを理解したうえでセカンドオピニオンを受けないと、結局は飼い主さん自身もどちらの治療を受けた方がよいのかわからなくなってしまいます。

また、治療の反応が出るまでに時間がかかる病気であるにもかかわらず、すぐに治らないから主治医が悪いのではないだろうかと疑念を持ってしまう方もいるかもしれません。しかし、診療方法を理解していれば問題は生じないはずです。

ただし、なかには質問しても十分な説明や真摯な対応をしてくれない獣医師も残念ながら存在します。セカンドオピニオン以前に、通院を継続すべきかの考慮が必要かもしれません。

セカンドオピニオンの受け方

飼い主さんにすでに決めている病院がある場合は、その病院名を提示してセカンドオピニオンを受けたい旨を主治医に伝えてください。セカンドオピニオンを受ける病院がわからない場合は、主治医に相談すれば紹介してくれる場合もあります。そして、主治医に紹介状と診療情報の作成を依頼してください。レントゲン検査や超音波検査をすでにしていたら、画像データをもらうことができます。ただし、ここまでの事務手続きで費用が発生するケースが通常ですので、その点も留意しましょう。

紹介状と診断情報が手に入ったら、セカンドオピニオン先の病院で受診をします。獣医師の見解をよく聞いて、元の病院で受診を続けるか、セカンドオピニオンを受けた病院に転院するかの選択をしましょう。

万が一紹介状や医療情報をもらえない場合や、主治医には秘密でセカンドオピニオンを受けたい場合には、その旨を新たに受診する病院に伝えてましょう。もう一度検査をし直すことになりますが、現在の検査結果で診断を行ってくれます。

冬の通院は保温をしっかりと

通院時の保温が足りず鳥が冷えてしまっていることがあります。冬はキャリーをタオルで囲った程度では温度を保つことができません。カイロや湯たんぽなど必ず熱源になる物を入れて保温を行ってください。車で暖房をかけているからと油断して冷やさないよう十分に注意しましょう。

カイロは酸素で発熱しますが、狭い空間に密閉しなければ問題ありません。多くの方が利用しています。空気の流通があれば、カイロが酸素を吸っても空気が中に入るので酸欠の心配はありません。密閉すれば鳥も呼吸していますし、二酸化炭素が溜まるので、カイロがなくても危険です。

タオルや毛布のみでは冬は保温できない

冬の日中平均気温は地域によって異なりますが、関東は約5〜12℃です。通院用のキャリーバッグをタオルや毛布で覆った程度では、内部を暖かい状態に保つことはできません。たとえ車の中で暖房をかけていたとしても、車内を30℃にするのは難しく、車から出たらすぐに冷えてしまいます。特に病鳥は保温が必要です。自宅で30℃に保っているのであれば、保温対策をしっかり行わないと鳥の体が冷えてしまい、さらに調子を悪くする原因となります。

カイロや湯たんぽなどの熱源を必ずキャリーに

通院用キャリーバッグを保温するには使い捨てカイロや充電式カイロ、湯たんぽがおすすめです。湯たんぽはお湯を入れるタイプとジェルタイプの湯たんぽがあります。

使い捨てカイロは水分と酸素を吸って発熱しています。カイロを入れた状態で通院用キャリーバッグを密閉すると、バッグ内の酸素を奪ってしまいます。カイロと湯たんぽはそれぞれ十分に取り扱いに気をつけてください。下記の注意点をよく読んで、安全で確実な保温をして通院しましょう。

使い捨てカイロ

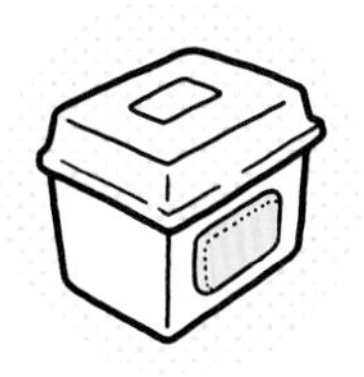

- 必ずキャリー（小型ケージ）やプラケースの外側にカイロを貼るか、同梱します。キャリーを入れるバッグは密閉せず、少し開けておきましょう。密閉するとカイロがキャリーバッグ内の酸素を奪ってしまい、鳥に酸素が行き渡らなくなる危険があります。
- カイロはキャリーやキャリーバッグの床全面には貼らないようにします。鳥にとって暑すぎてしまい、逃げ場がなくなります。

湯たんぽ

- 右の図のように湯たんぽをキャリー（小型ケージ）やプラケースのそばに置くことで簡易的な保温ができます。
- ただし湯たんぽは徐々に温度が下がってしまうため、通院が長時間に及ぶ場合はお湯を交換する必要があります。病院でお湯をもらうなどしてください。
- ジェルタイプの湯たんぽは電子レンジで温めなおすことが可能なので、病院でも比較的頼みやすいかもしれません。ただし、ジェルタイプのものは鳥がかじりやすい袋状になっているものが多いので、ケージの隙間から鳥が嘴を出してかじらないように注意が必要です。タオルでくるむなどして対策をしましょう。

キャリーバッグ

- キャリーを入れるバッグも保温性の高い、内側にアルミ加工された保温保冷バッグがおすすめです。

病的な膨羽を見わける

　鳥は昼寝をする際に膨羽して嘴や片脚を羽に入れることがあります。これは体温を保つための行動ですが、調子が悪いときにも行います。見わけるには日々の健康チェックが重要です。特に毎朝の体重や食欲、排泄物、温度のチェックは病気を見逃さないために推奨されます。また定期的な健康診断もおすすめです。

　鳥は体温が下がると膨羽します。しかし痛みがあるときやかなり調子が悪いときは、保温しても膨羽をやめないことがあります。もっと保温が必要なのかどうか飼い主さんがわからないときは、手に乗せて趾の温度を確認して下さい。まだ冷たいようだったら、さらに保温が必要です。温かければ保温できています。

鳥はふだんから膨羽を行う

鳥は寝るときに羽を膨らませる「膨羽」をします。これは体温の低下を抑制するために行うもので、寒くなくても行います。嘴を背中の羽に入れる「背眠《はいみん》」もよく見られます。嘴には毛細血管がたくさん走っており、体温を放熱する役割があります。そのため睡眠中に体温を失わないように嘴を羽に隠しているのです。片脚を羽に入れるのも同じく、体温を失わないためにやる行動です。

体調不良時の膨羽を見わける

膨羽や背眠は病気で体温が下がっていたり、痛みがあるときにも見られます。昼間でもずっと膨羽し背眠している場合には、調子を崩していたり、痛みがある可能性があります。体調不良を見わけるには、趾の温度がカギです。手や指に乗せたときに鳥の趾が冷たい場合は体温が下がっています。すぐに保温を行い、趾が温かくなる温度（30～32℃程度）を保ちましょう。趾が温かくなったのに膨羽を続ける場合は痛みが出ている可能性があります。早急に病院で診察を受けましょう。

健康維持には毎日の健康チェックが不可欠

病気を早期発見するにはふだんの健康管理が大切です。食事量、フンの量と状態、体重、活動量、発情の有無、換羽の有無を毎日チェックしていれば、いつもと違う点がすぐに見わけられます。病的な膨羽や背眠を見逃さないようにしましょう。

毎日行いたい！
健康チェック

- □食事をきちんと食べているか
- □フンの量・状態は変わっているところがないか
- □体重に大きな変化はないか
- □活動量（飛ぶ・遊ぶなどの放鳥時の動き）に異変はないか
- □発情していないか
- □換羽中かどうか

熱中症

夏は熱中症になった鳥が来院します。熱中症になる室温は決まっておらず、体が慣れていない温度に急に上がると発症します。特に夜にエアコンをタイマーで切れるようにしていたり、留守にするのでエアコンを切って出かけたために発症しています。Ⅲ度の熱中症になると助からないので注意しましょう。

鳥の脱水は脚でわかります。健康なオカメインコの脚に比べて腎機能低下があるオカメインコの脚は脱水するために脚が赤く暗色になります。鳥の脱水は多尿や血流低下で起こります。腎不全や糖尿病、金属中毒、敗血症、急な食欲不振、熱中症、低体温などが原因となり早急な補液と治療が必要です。

暑さに強いわけではない

飼い鳥は、野生では30℃以上になる地域に生息する鳥種も多いですが、暑さに強いわけではありません。木陰で風通しがよければ、気温が30℃以上でも過ごすことができ、スコールで体温を下げることもできます。ところが飼育環境は屋内のため風通しがなく、夏は湿気がこもりやすくなっています。鳥が暑いと感じても逃げ場がなく、放熱による体温調節が追いつかなくなると熱中症を起こします。

熱中症には3つの段階がある

熱中症には、重症度分類があります。

Ⅰ度は軽度の熱中症で、鳥は脇が開くように翼を広げ、呼吸が深くなり回数が増えるのが続く呼吸促迫《そくはく》と開口呼吸が見られます。鳥は鼻や口から吐く息の中に水分を蒸散することで放熱しているので、呼吸促迫が続くと脱水を起こします。

Ⅱ度は中等度の熱中症で体温が上がり、脱水により循環血液量が低下するため血圧が下がります。このため目を閉じて動かなくなることもあります。このほかにも嘔吐をしたり、食欲がなくなります。

Ⅲ度は重度の熱中症です。脱水が進行して血液循環に障害が起こり、多臓器不全を起こします。暑さで体温調節中枢が障害を受けると、さらに高体温となります。体の小さい鳥がⅢ度の熱中症を起こすと助からないことが多いです。

人がいなくても鳥がいるからエアコンをつける

家庭で熱中症を起こすケースは、夜間エアコンを切ることで暑くなりすぎることがほとんどです。また、飼い主さんが日中は気温が上がることに気づかずエアコンを切って出かけてしまうこともよくあります。扇風機だけで暑さをしのがせていたり、短時間であっても強い直射日光に当ててしまったことでも起こります。このように熱中症が起こる原因のほとんどが人の認識不足や不注意です。油断せずに温度管理に気をつけましょう。ただし、26ページで述べたように鳥自身の恒常性を保つことも重要です。飼い主さんが不在の際はエアコンをつけておくべきですが、そばにいるときは鳥の様子を見つつ、冷やしすぎないことも大事です。

熱中症について

［診断］

発症した状況の聴取、鳥の暑がる程度、鳥の趾と嘴の温度、脱水の有無によって診断する。

［治療］

人のように持続点滴をすることができないため、皮下補液を行い脱水の改善を行う。重度の脱水は、頚静脈から輸液を行うこともある。

［自宅での応急処置］

- エアコンの風を当てて体を冷やす。開口呼吸が治ったら風を当てるのをやめ、涼しい部屋で過ごさせる。
- 脱水症状が出ていたら経口補水液（オーエスワン®）を飲ませる。小型鳥であれば1回に10滴程度。30分から1時間おきに与えて、病院に連れて行く。

病気

鼻炎・副鼻腔炎

鳥の鼻炎と副鼻腔炎は炎症がひどくなると難治性になりやすい病気です。抗生物質を長く使用すると耐性菌が増殖したり、菌交代症を起こして真菌が増殖することがあります。起炎菌を調べるには鼻腔洗浄液の細菌薬剤感受性検査と鏡検により真菌の有無を調べます。鼻が詰まって通らない場合は鼻腔洗浄を行うと効果的です。

サザナミインコには難治性鼻炎が多く、長引くと鼻腔内が壊死して鼻孔が変形します。鼻腔が壊死して弁蓋《べんがい》がなくなり、鼻孔が大きくなってしまうこともあります。その場合は定期的に鼻腔内の壊死物や鼻糞を除去する必要があります。感染の原因には細菌、真菌、クラジミアなどがあります。

どんな菌が鼻炎の原因かを確かめる

鳥には鼻炎と副鼻腔炎が比較的多く見られます。鼻炎は鼻腔内の感染、副鼻腔炎は副鼻腔の感染によって起こります。人の鼻炎と副鼻腔炎はウイルス性であることが多いですが、鳥の場合は細菌、真菌、マイコプラズマ、クラミジアによって起こり、ウイルスが原因になることはほとんどありません。感染が長引くと副鼻腔炎内に膿がたまって顔が腫れたり、鼻腔内が壊死して難治性になることがあります。難治性の鼻炎はサザナミインコに多く見られます。このため治療してもよくならない場合は早期に起炎菌を調べる必要があります。起炎菌の採取は、鼻腔を生理食塩水で洗浄し、その液体を採取して検査機関に送ります。検査機関では細菌を培養してどの抗生物質が効くかを調べる薬剤感受性試験を行い、抗生物質を特定します。さらに真菌の有無を調べるために、洗浄液を顕微鏡を使って観察します。洗浄液を使って遺伝子検査によるマイコプラズマやクラミジアの検査を行うこともあります。

鼻腔洗浄で症状が改善に向かうことも

内服薬の投与でも改善が見られない場合や、鼻腔が詰まっている場合は、鼻腔洗浄を行います。生理食塩水に抗生物質と抗真菌剤を添加した洗浄液で、鳥の鼻腔を洗う方法です（写真参照）。鼻腔洗浄には注射器の先にゾンデという細い管状の医療機器をつけます。鼻孔から圧をかけて洗浄液を流し入れ、後鼻孔を通して口から排出させます。鼻腔内に残った洗浄液は、吸引器にて吸い出します。

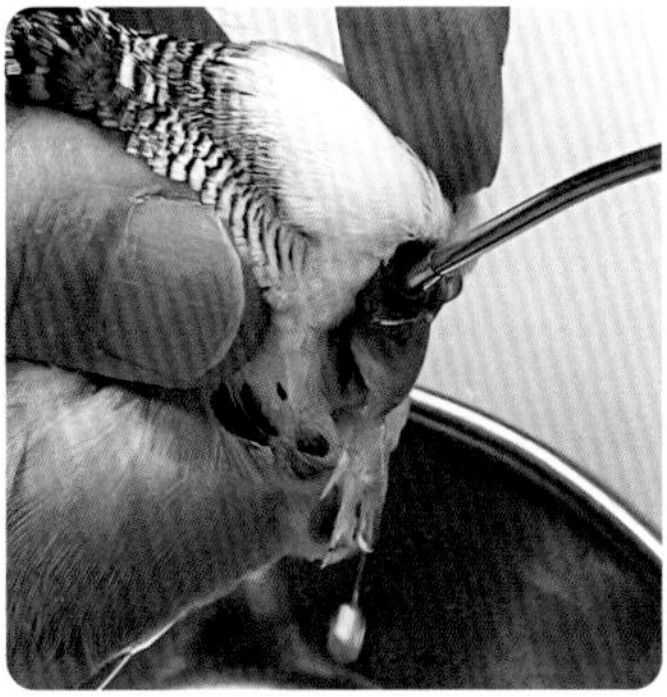

鼻腔洗浄中のセキセイインコ。鼻孔から洗浄液を流し込み、口から排出させる。誤嚥（ごえん）に注意して行う。

鼻炎・副鼻腔炎について

［ 症状 ］

- 鼻炎：くしゃみ、鼻水、鼻詰まり、結膜炎（鼻涙管から目への感染）。
- 副鼻腔炎：頬の腫れ、目が突出（重症の場合）。

［ 治療 ］

- 抗生物質の投与（細菌、クラミジア、マイコプラズマが原因の場合）。
- 抗真菌剤の投与（真菌が原因の場合）。

［ 診断 ］

特徴的な症状により行う。病原体は、顕微鏡観察や培養検査、遺伝子検査で特定する。

メガバクテリア症

メガバクテリアは治療後に便に排泄されなくなることで治癒を判断します。しかし時折1～2年ほど経ってから再発することがあります。再発までの間は無症状で検便も陰性です。この状態は潜伏感染であり注意が必要です。一度メガバクテリア感染が見つかった場合は年に3回ほどの健康診断をおすすめします。

メガバクテリアは胃に感染しています。内服治療にはアムホテリシンBが使われますが、この薬剤は腸からほとんど吸収されません。そのため薬剤が胃を通過するときしか効果がありません。当院では飲水投与を推奨しています。1日2回の直接投与では、投与間には効果を得ることができません。

セキセイインコの幼鳥に多い病気

メガバクテリア症はマクロラブダス（*Macrorhabdus ornithogaster*）という酵母（真菌）によって起こる感染症で、マクロラブダス症とも呼ばれています。鳥の胃に感染する酵母のためAGY（Avian Gastric Yeast）とも言います。感染している親鳥や同居鳥の糞便中に排泄されたメガバクテリアを経口摂取することによって感染する病気です。セキセイインコに広く蔓延しており、特に幼鳥の感染が多いです。

しかし感染する鳥種は多く、コザクラインコ、ボタンインコ、オカメインコ、マメルリハインコなどのインコ・

オウム類、文鳥、キンカチョウ、カナリヤなどのフィンチ類に見られます。

発見が早ければ治ることがほとんどですが、発見が遅れて胃の障害が大きくなってしまうと、消化器症状が治らないこともあります。なかには慢性胃炎から胃腫瘍に発展したと考えられる症例も多いため、ヒナをお迎えしたら早めに健康診断を受けましょう。

完治までしっかり確認を

治癒の確認は、投薬後に便中にメガバクテリアが排泄されなくなることで判断します。しかし時折1〜2年ほど経ってから再発することもあります。再発までの間は無症状で糞便検査でも陰性です。この状態は潜伏感染であり注意が必要です。

一度メガバクテリア感染が見つかった場合は、年に3回ほどの健康診断が推奨されます。潜伏感染を検出するには、糞便検体の遺伝子検査が有効です。糞便検査で検出できないほどの極少量のメガバクテリアしかいなくてもメガバクテリアの遺伝子（DNA）を検出することが可能です。

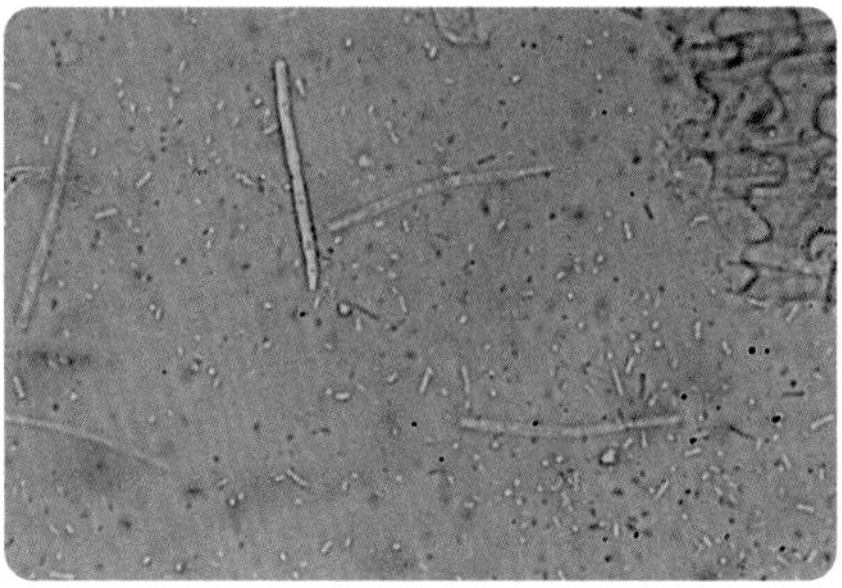

メガバクテリアの顕微鏡写真。

メガバクテリア症について

［症状］

嘔吐、食欲不振、全粒便（穀粒がすり潰されていない状態）、軟便、下痢、黒色便など。

［診断］

顕微鏡による糞便検査。糞便への排泄量と症状の強さには、必ずしも比例関係があるわけではない。

［治療］

- アムホテリシンBの内服投薬を行う。投薬期間が短いと再発率が高いため、4〜6週間投薬する。
- アムホテリシンBは腸からほとんど吸収されないため、薬剤が胃を通過するときしか効果がない。このため投薬方法は、飲水投与が推奨される。特に難治性の場合は、投薬のみでは粘膜内に侵入したメガバクテリアを死滅させることができないため、トラコナゾールやボリコナゾールの内服も併用する。1日2回のアムホテリシンBのみの直接経口投与では、効果を期待することができない。
- 難治性、症状が重い場合は、ミカファンギンNaの注射も行う。

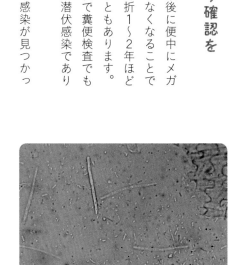

病気

トリコモナス症

左ページの写真は、セキセイインコのそ嚢《のう》から検出されたトリコモナスです。トリコモナスは波動膜と鞭毛《べんもう》を使って移動します。セキセイインコと文鳥のヒナに発生が多いです。そ嚢炎を起こすので、早急に駆虫する必要があります。新しくヒナをお迎えしたら、早めに健康診断を受けましょう。

セキセイインコのトリコモナス感染は2018年から感染率が上がっています。重症化するとそ嚢穿孔《せんこう》を起こして皮下膿瘍ができます。感染源は親鳥が感染しているか、挿し餌の際に感染したヒナと同じエサと器具を使うことでうつります。

そ嚢に感染しやすく ヒナに多い感染症

トリコモナス（*Trichomonas gallinae*）は原虫に分類される寄生虫で、フィンチ類、インコ・オウム類、ハト、七面鳥、ニワトリ、ウズラ、猛禽類などに感染します。飼い鳥ではセキセイインコ、オカメインコ、文鳥に感染が多く見られます。人の性器や尿道に感染する膣トリコモナスとは種が異なるため、人獣共通感染症ではありません。

トリコモナスはそ嚢《のう》に寄生しているため、親鳥がヒナにエサを与える際にうつります。成鳥間では同じ水入れを介してうつります。猛禽類の感染は、トリコモナスを保有する鳥を捕食することによるものです。またペットショップでは、同じ挿し餌や器具を使いまわすことで人為的に感染させてしまっているのが現状です。

細菌や真菌の感染には強い食道とそ嚢ですが(98ページ参照)、トリコモナスは食道炎やそ嚢炎を起こします。しかし、すべての鳥が食道炎・そ嚢炎を起こすわけではありません。個体によっては発症せずキャリアとなり、ほかの鳥への感染源となります。この場合、トリコモナスへの感受性が高い個体が発症します。

食道炎・そ嚢炎を起こすと食欲不振、吐出、口腔内の粘液増加が見られ、重症化すると食道穿孔《せんこう》やそ嚢穿孔を起こして皮下膿瘍を形成します。特に食道穿孔を起こすことが多く、頸部に大きな膿瘍を形成するために食物が通過できなくなります。またトリコモナスは、副鼻腔や肺に迷入して、副鼻腔炎や肺炎を引き起こすこともあります。

診断は、そ嚢液または口腔内粘液を採取して顕微鏡を使って検査し、トリコモナスを検出します。治療はメトロニダゾールを投与します。膿瘍が形成されている場合には、抗生物質を併用します。

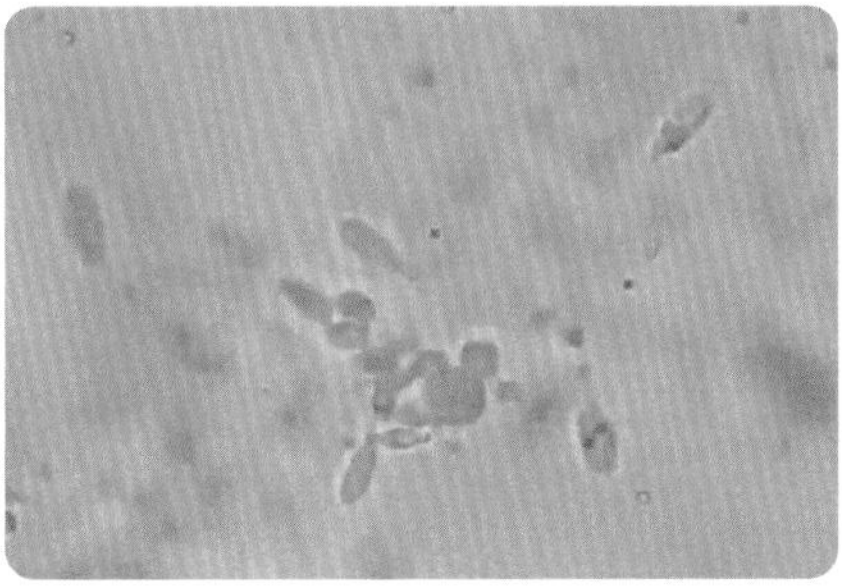

トリコモナスの顕微鏡写真。

トリコモナス症について

[症状]

食道炎・そ嚢炎による食欲不振、吐出、口腔粘液増加。食道穿孔・そ嚢穿孔を起こすと、皮下膿瘍形成。時に副鼻腔炎と肺炎。

[診断]

そ嚢液または口腔内粘液の鏡検にてトリコモナスを検出。

[治療]

メトロニダゾールの投与、皮下膿瘍が形成されている場合には抗生物質を投与する。

病気

クリプトスポリジウム症

クリプトスポリジウムは無症状でも徐々に胃の障害が進行し、レントゲンで胃が腫れていることが多いです。コザクラインコの場合はクリプトスポリジウムではなくとも、ストレスで胃の障害を起こすことが多いので注意が必要です。

コザクラインコに多い寄生虫が起こす病気

クリプトスポリジウム（*Cryptosporidium* spp.）は原虫に分類される寄生虫で、胃に感染します。主にコザクラインコに見られ、時折オカメインコ、マメルリハインコ、サザナミインコなどにも見られます。発症後に胃の障害が進行すると慢性の吐き気、嘔吐が出ます。これらは朝に出ることが多く、ネバネバとした液を吐きます。吐物を誤嚥《ごえん》することで肺炎を起こすこともあります。食欲は低下し、徐々に衰弱しやすくなります。

診断は、糞便のショ糖浮遊法検査でクリプトスポリジウムを検出します。レントゲン検査では、中間帯（腺胃と筋胃の間）の拡張が多く見られます。

人を含め多くの動物でクリプトスポリジウムが見つかっていますが、有効な駆虫薬はまだありません。人には効く可能性がある薬剤として、ニタゾキサニドとパロモマイシンが使用されます。鳥でもこれらの薬剤投与が試みられていますが、駆虫は困難です。実際にこれらの薬剤を鳥に使用すると吐き気がひどくなることが多いことから、最近では使用を控え、対症療法にて経過を見ることが多いです。重症例はコザクラインコに多く見られます。吐き気が強く、衰弱しながらも最低限の食事で生き長らえることも多く、闘病が数年に及ぶこともあります。

病気

腺胃拡張症（PDD）

鳥ボルナウイルス（ABV：Avian Bornavirus）は、腺胃拡張症（PDD：Proventricular Dilatation Disease）を起こすウイルスで、一度感染すると完治は難しい感染症です。お迎え時の検査で陰性でも、1回の検査では確実ではありません。感染予防は、今のところ検査と衛生管理をしっかりしているショップでお迎えするしかないと考えられます。

治療が難しい腺胃の感染症

腺胃拡張症（PDD）は、鳥ボルナウイルスによって引き起こされる感染症で多くのインコ・オウム類に見られます。特にヨウム、白色オウム類、コンゴウインコ類、オオハナインコでの発生が多く報告されています。末期まで症状が出ないことが多く、症状が出た際はかなり腺胃が拡張しています。食物の通過障害を起こすため、糞便量が減少します。脚の麻痺やけいれん発作が出ることもあります。

診断はレントゲン検査で腺胃の拡張を確認します。血液検査でCPK（※）の上昇が見られるのも特徴的です。糞便検体による遺伝子検査で診断可能です。しかし、感染しても必ずウイルスが排泄されるとは限らず、検査結果が陰性でも症状がある場合は、感染の疑いがあります。複数回の検査でウイルスが検出されることもあります。

残念ながら完治は困難で、対症療法で経過を見ることがほとんどです。薬剤は、神経節炎を抑えるために非ステロイド系抗炎症薬を用います。そのほかに胃粘膜保護剤、消化器機能調整剤なども用います。インターフェロン投与により症状が寛解することもあります。食事は食べるようであればPDD用処方食（ラウディブッシュ社のフォーミュラAPD®）を用います。

※CPK…クレアチンフォスフォキナーゼ。神経・筋疾患の際に上昇する。

病気

慢性閉塞性肺疾患

他鳥種の脂粉の吸引によって慢性閉塞性肺疾患（COPD）を起こすことがあります。これは肺が線維化して呼吸困難を起こす病気です。最も知られているのはルリコンゴウインコでヨウムや白色オウム類と一緒に飼育すると多く発生します。ほかの鳥種でも見られることがあり、

特に脂粉が多い鳥種との飼育は注意が必要です。異なる鳥種を同じ部屋で飼育していて慢性的にくしゃみや咳をしたり、ほかの鳥の羽づくろい後にくしゃみをする場合は要注意です。空気清浄機を使用し、直接接触する機会を減らしましょう。また鳥のCOPDはタバコの吸引でも起こるため注意しましょう。

ほかの鳥種の脂粉やタバコの煙で起きる気管の病気

慢性閉塞性肺疾患（ＣＯＰＤ：Chronic Obstructive Pulmonary Disease）は、他鳥種の脂粉やタバコの煙、線香の煙を長期的に吸入曝露することで生じる肺の炎症性疾患です。以前はアレルギー疾患と考えられていましたが、その証拠は見つかっていません。

初期症状は、慢性鼻炎を起こして鼻孔周囲が赤くなり、鼻腔が閉塞します。肺の中の気管支に炎症が起きて慢性的な咳やくしゃみが出たり、気管支が細くなることによって体内の空気の流れが低下します。やがて肺が線維化して

硬くなると、身体を少し動かしただけでも息切れや呼吸困難を起こすようになります。

　脂粉によるCOPDで最も報告の多いのがルリコンゴウインコです（海外のデータ含む）。小型の鳥よりも大型のインコ・オウム類に多く発生します。ただし、タバコの煙や線香の煙で発症するCOPDの場合は、どの鳥種でも変わりありません。

　一度発症すると完治は難しい病気です。治療は、気管支拡張剤によって気管支を拡張して空気の流れを改善するとともに、症状がひどい場合にはステロイド剤を併用します。

ふだんの生活から予防を心がける

　病気の進行を防ぐには、同じ部屋でほかの鳥種との混合飼育を避ける必要があります。脂粉が多い異鳥種どうしだけでなく、脂粉が多い鳥と脂粉が少ない鳥の組み合わせもよくないとされています。脂粉が多い鳥でも、同種なら問題はありません。基本的には同種どうしで飼うことが推奨されます。

　鳥がいる部屋はよく換気を行い、ふだんから空気の流れをよくしておくことも予防につながります。人のためではなく鳥のために空気清浄器を使用するのがおすすめです。

　アクリルタイプのケージやアクリル板でケージを囲むと脂粉の拡散を防ぐことができますが、空気の流れを遮りやすくなってしまいます。周囲への影響は予防できても、鳥が自らの脂粉を多量に吸い込むことにつながることになるため、脂粉が多い鳥種を囲って飼育することは推奨できません。

慢性閉塞性肺疾患について

［ 症状 ］

初期症状は、鼻詰まりと鼻孔の腫脹。肺の線維化が起こると息切れと呼吸困難。

［ 治療 ］

完治させることはできないため、ステロイド剤と気管支拡張剤で維持管理を行う。治療に反応がないと呼吸困難が悪化し、死に至る。

［ 診断 ］

- レントゲン検査による肺炎像で診断するが、肺炎像が不明確なこともある。
- 血液検査で総白血球数の上昇が見られると感染性の肺炎と鑑別する。心疾患との鑑別診断も必要。

心疾患

鳥にも心疾患があります。原因で最も多いのは老化ですが、肥満やメスの発情による高脂血症による高血圧や動脈硬化によっても起こります。初期症状はプツプツといったわずかな呼吸音や血色の暗色化、動いた後に呼吸が荒くなります。進行すると開口呼吸、湿性の呼吸音、安静時の呼吸促迫、腹水などが見られます。

診断はレントゲン検査を行います。血圧上昇によって心陰影が拡大します。画像は心拡大が見られた文鳥のレントゲンです。右が5歳時、左が8歳時です。ふだんから健康診断としてレントゲン検査を受けていると比較することができます。鳥は心電図検査ができないので心疾患の種類を診断するのは困難です。

矢印部分の幅の広がりで
心拡大を判断

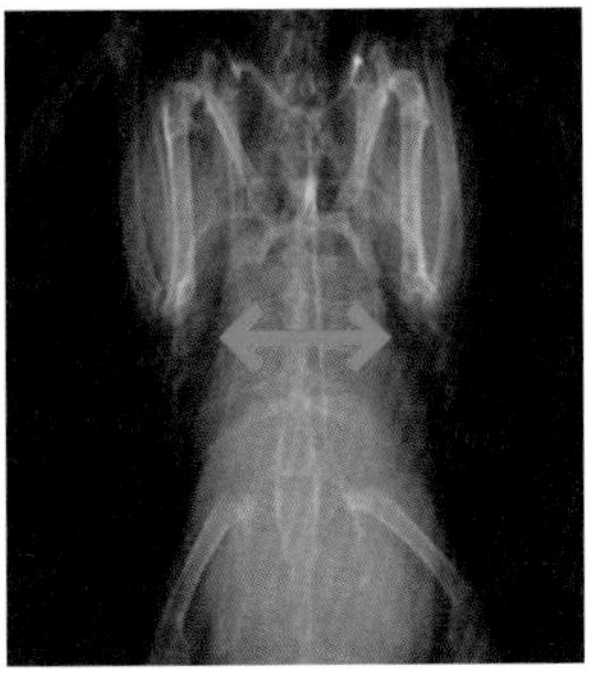

〈 心拡大がある文鳥 〉

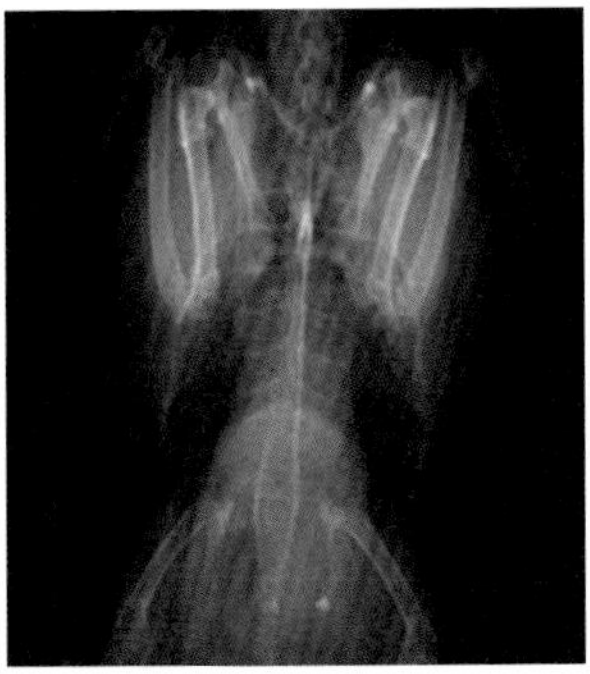

〈 正常な文鳥のレントゲン 〉

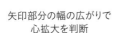

さまざまな病気が心疾患に該当する

鳥の心疾患には、先天性疾患、アテローム性動脈硬化症、うっ血性心不全、心内膜疾患、心外膜・心嚢疾患、心筋症、腫瘍などがあります。人間と違って細かな病名を診断することが難しいため、心臓に関する病気を心疾患と総称します。

鳥の心疾患の診断には、主にレントゲン検査が用いられます。しかしレントゲン検査で得られる結果には限界があり、心陰影の大きさ、動脈硬化の有無、肺水腫の有無は診断できますが、心臓の詳細な状態までは診断できません。心臓の詳細な状態を診断するには、心電図検査と心エコー検査が必要です。これらの検査を行うには鳥を鎮静剤を投与して鎮静させる、もしくは麻酔によって鳥を不動化する必要があります。これらの検査の研究論文はありますが、心疾患の疑いがある鳥に鎮静や麻酔をするのは容態が急変するリスクがあり現実的ではありません。このため、鳥に心疾患が疑われる場合には、まずは投薬を行います。そして症状の改善があれば心疾患と診断します。

心疾患の治療には、ACE阻害薬（降圧薬）、心不全治療薬、冠血管拡張剤、利尿剤（尿量を増やす循環血液量が減り、血圧が下がる）などが用いられます。肥満やメスの発情による高脂血症がある場合には、食事制限やホルモン剤による発情抑制を行います。

心疾患で嘴の血色が悪い文鳥。

心疾患について

［ 症状 ］

初期症状は、プツプツという呼吸時の音、息切れ。進行すると安静時でも呼吸が速くなり、チアノーゼを起こす。腹水が溜まるとおなかが張る。

［ 治療 ］

ACE阻害薬（降圧薬）、心不全治療薬、冠血管拡張剤、利尿剤などを用いる。肥満やメスの発情による高脂血症がある場合は、食事制限やホルモン剤による発情抑制を行う。

［ 診断 ］

レントゲン検査で心陰影の拡大、肺水腫が見られた場合に仮診断を行う。おなかが張っている場合は超音波検査を行い、腹水の有無や肝臓の拡大から血圧上昇を疑う。心疾患の治療に反応する場合に心疾患と診断する。

精巣腫瘍①

セキセイインコの精巣腫瘍は、常に発情して精巣が発達していることで精巣が温まり腫瘍化の原因になるという説がありますが、これに科学的根拠はありません。この説は犬の陰睾《いんこう》が腫瘍化しやすいことから出てきたものです。陰睾は精巣が陰嚢内に下降せずに腹腔内や鼠蹊部に停留する病気です。

陰睾が腫瘍化しやすい原因は高温の場所にあるためと考えられています。しかし鳥の陰睾は精巣を冷やすために気嚢《のう》と隣接しています。発情しているからといって常に高温にさらされているわけではありません。そしてほとんどの飼い鳥のオスは発情しても無症状ですが、若くして精巣が腫瘍化するのはセキセイインコだけです。

以上のことからセキセイインコの精巣腫瘍は遺伝性である可能性が高いと考えています。決して飼い主さんの飼い方が悪かったわけではありません。精巣腫瘍は小さいうちに手術することで完治することもあります。ろう膜の色が薄くなったり、くすんだ時点で腫瘍化の可能性があります。

精巣腫瘍の原因は体温のせいではない

精子が育つのに適した温度は体温よりも低いため、精巣は体温よりも低い状態で保たれなければなりません。そのため多くの哺乳類は、体外に位置する陰嚢《いんのう》の機能で精巣の熱を放熱して精子をつくっています。鳥は体温が高い動物ですが、精巣が体外に出ていると飛翔には適しません。このため哺乳類とは異なり、精巣が体外に出ていない構造だと考えられています。そのかわり鳥類の精巣は、腹腔内で後胸気嚢と腹気嚢と隣接しており、呼吸による空気の流通を利用して冷やされています。

精巣腫瘍の発生の原因として、精巣が体温で温められているからという説がありますが、これに科学的根拠はありません。本来の正常な位置にあるにもかかわらず、冷やされないことで腫瘍化するのであれば、多くの鳥のオスは精巣腫瘍になってしまいます。ところが若くして精巣が腫瘍化するのはセキセイインコだけです。そして飼育下のほとんどのセキセイインコのオスは慢性的に発情しており、換羽中でさえも精巣が発達しています。発情している状態と発情していない状態を比べれば、発情している方が精巣腫瘍になるリスクはもちろん上がる可能性はあります。しかし、発情が続いていても精巣腫瘍になる個体とならない個体がいます。

これらのことから考えると、精巣腫瘍はセキセイインコに特異的な病気であり、かつ遺伝的要因があるのではないでしょうか。

セキセイインコのオスは精巣腫瘍になる可能性が高い

精巣腫瘍には発情が大きく関与しているという通説を信じた飼い主さんのなかには、「精巣腫瘍にしてしまったのは私の飼い方が悪かったせいだ」と自分を責めてしまう飼い主さんがいます。しかし、セキセイインコのオスの発情は生活・環境改善で止めることはこれまでに述べた理由の通り、困難なことです。セキセイインコをお迎えする際は、事前にオスの場合は精巣腫瘍になる可能性が高いという知識を身につけておきましょう。いずれ精巣腫瘍になる可能性があることを飼い主さん自身が知っておけば、いざというときに覚悟もできます。その事実を受け入れられるかをよく考えて、お迎えをしましょう。

精巣腫瘍②

セキセイインコのオスのろう膜の色がくすんだり、こげ茶色になっている場合は、精巣が腫瘍化している可能性が高いです。レントゲン検査で精巣が大きくなっていなくても、すでに腫瘍化していることが多いです。手術を検討する場合は、精巣が小さいうちに手術を受けることが推奨されます。

オスのろう膜の色の変化は精巣腫瘍の兆し

セキセイインコの精巣腫瘍には3種類あります。このうち、セルトリ細胞腫の場合、女性ホルモンであるエストロゲンを分泌します。セルトリ細胞腫は男性ホルモンであるテストステロンを酵素(アロマターゼ)によってエストロゲンに変換します。ろう膜は性ホルモンの影響で色が変化するため、オスのろう膜の青色やピンク色がエストロゲンによってくすみがでたり、茶褐色に変色したりします。そのためろう膜の色の変化は、精巣腫瘍を疑う指標となる症状であり、早急に受診する必要があります。

しかし、セルトリ細胞腫以外の精巣腫瘍の場合は、ろう膜色に変化が出ないため、定期的なレントゲン検査を受けることが早期発見につながります。

精巣腫瘍の判断は骨髄骨で見極める

女性ホルモンのエストロゲンは、骨にカルシウムを蓄える指令の役割を持っています。精巣腫瘍を発症しているセキセイインコでは最初に上腕骨と前腕骨に石灰沈着が起こります。これを骨髄骨といいます。骨髄骨は、本来はメスの卵形成のためにカルシウムを蓄えようとしてできるものです。骨髄骨が継続して体内にあると全身の骨にカルシウム沈着を起こしてしまいます。このため、精巣腫瘍の診断はレントゲン検査で行います。病院によっては、レントゲン検査で精巣が発情精巣と同等か、やや小さい場合にまだ腫瘍かわからないと診断されることがあるようです。しかし、精巣腫瘍を判断するポイントは骨髄骨です。精巣が大きくなかったとしても骨髄骨が見られた場合は、すでに腫瘍化している可能性が高いと言ってよいでしょう。

精巣腫瘍は手術が有効

精巣腫瘍を完治させる治療法は、外科的摘出しかありません。筆者の病院では、精巣腫瘍摘出手術を行っています。難易度と生存リスクの高い手術になりますが、精巣が小さいうちに手術を受けた方が生存率が高くなります。大きくなってからだと生存率が極端に下がるため、手術を希望する場合は早めに獣医師に相談しましょう。手術を希望しない場合は、免疫を上げるサプリメントや漢方薬、アガリクスで経過を見ることとなります。エストロゲンの影響を抑えるためにタモキシフェンクエン酸塩を併用することが多いです。

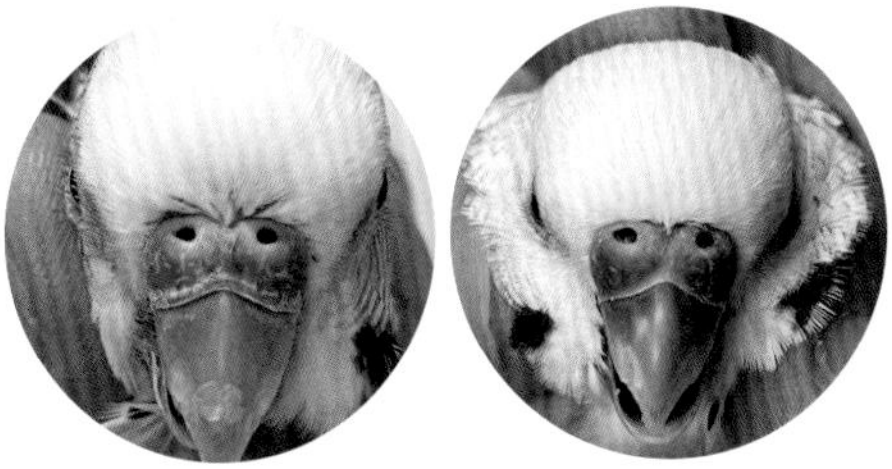

右は健康なろう膜の色。
左は精巣腫瘍で変化している。

精巣腫瘍について

[症状]

ろう膜のくすみ、褐色化。腹部膨大。

[治療]

完治させるには、精巣摘出手術が必要。手術は、精巣が大きくなるほどリスクが高くなる。手術しない場合には、漢方薬、アガリクス、タモキシフェンクエン酸塩、ステロイド剤などを使用。

[診断]

レントゲン検査により、骨髄骨の形成と精巣の拡大を確認。精巣が大きくなっていなくてもろう膜色の変化と骨髄骨が見られれば、すでに腫瘍化している可能性が高い。

卵巣腫瘍

卵巣腫瘍を摘出したセキセイインコの1.5か月検診を行いました。卵巣腫瘍は嚢《のう》胞性腫瘍なら摘出できる場合が多いです。大型の充実性腫瘍の場合は摘出できないことが多いです。嚢胞性か充実性かは超音波検査で鑑別することができます。

右側が術前の造影撮影写真です。かなり大型の腫瘍があり、腸が圧迫されているのがわかります。左側が検診時のレントゲン写真です。卵巣にかけた止血クリップが写っています。止血クリップはチタン製で、体内に残っても問題はありません。

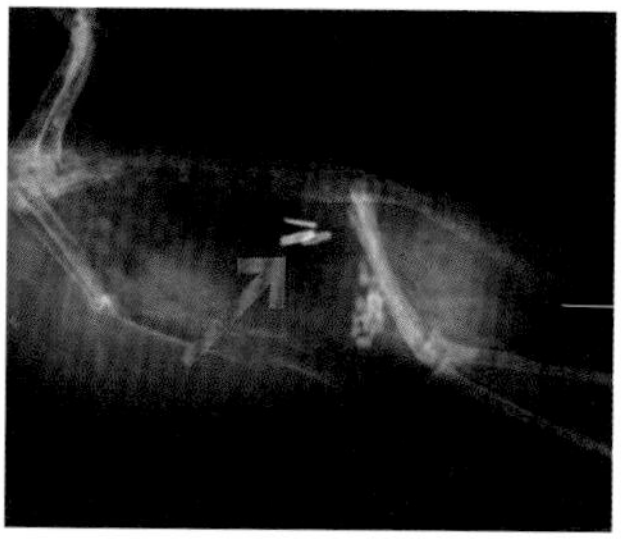

手術で止血クリップを用いた(矢印部分)後の検診のレントゲン写真。腫瘍がなくなっている。

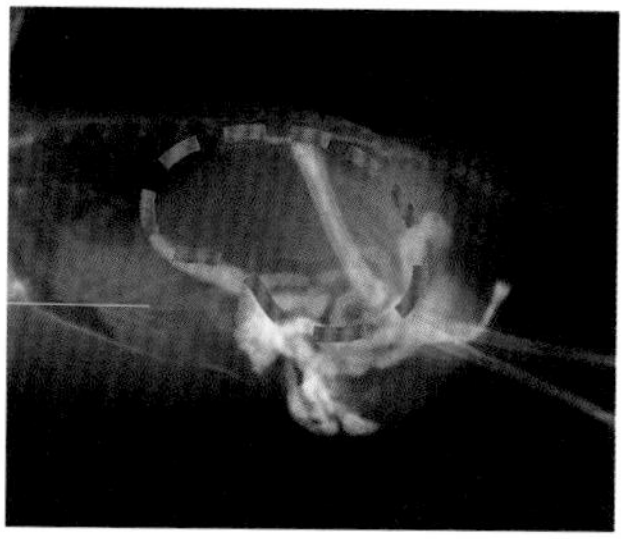

手術前のセキセイインコのメス。大きな卵巣腫瘍が見える。

小型インコ類のメスがなりやすい

セキセイインコ、コザクラインコ、オカメインコなどの小型インコ類のメスには、卵巣腫瘍が多く発生します。発生の要因は正確にはわかっていませんが、慢性発情や遺伝的要因が疑われます。卵巣は正常な状態では体の左側のみで発達します。正常な卵巣は摘出することができませんが、腫瘍化した卵巣は、腫瘍部分を摘出できることがあります。

腫瘍には大きく分けて、①薄い膜内に液体が貯留した嚢《のう》胞性腫瘍と、②腫瘍細胞の塊である充実性腫瘍の2つがあります。卵巣腫瘍が大きくなるとおなかが張ります。嚢胞性腫瘍の場合はおなかに弾力性があり、充実性腫瘍の場合はおなかが硬くなります。しかし腹水が溜まると、どちらの腫瘍もおなかに弾力性が出ます。

腫瘍の診断は、レントゲン検査と超音波検査で行います。レントゲン検査では、消化管造影撮影を行うことで腫瘍の位置を特定できます。超音波検査では、嚢胞性か充実性かの鑑別と腹水の有無を確認することができます。

嚢胞性腫瘍の場合は手術で摘出できることがありますが、状態が悪かったり、手術を希望しない場合には、おなかに針を刺して嚢胞内の貯留液を抜くこともあります。充実性腫瘍の場合は背中に固着していることが多いため、手術での摘出が困難なことが多いです。手術が困難な場合や希望しない場合には、漢方薬やアガリクス、ホルモン剤、ステロイド剤などの内服を投与します。

卵巣腫瘍について

［ 症状 ］

腹部膨大で気づくことが多い。腫瘍が大きくなると呼吸器を圧迫するため、呼吸困難、食欲不振が見られる。

［ 治療 ］

外科的摘出が可能であれば切除。手術ができない場合や希望しない場合は、漢方薬やアガリクス、ホルモン剤、ステロイド剤などの内服を投与する。

［ 診断 ］

レントゲン検査および超音波検査により、卵巣腫瘍を確認する。

病気

卵詰まり

寒くなりはじめは卵詰まりが増える時期です。産卵時は副交感神経が優位でないと産道が弛緩しません。寒いと交感神経が優位になるので産道が弛緩しにくくなります。しかし前もって保温すると発情しやすくなります。発情抑制には調子を崩さない程度の温度を保ち、卵ができてしまったら冷やさないのが基本です。

冬に多い卵詰まり

毎年11月頃、寒くなりはじめると卵詰まりでの来院が多くなります。寒くなったので保温をはじめたところ、鳥が春が来たと勘違いしてしまい、発情。そのまま卵ができて産卵に至るというケースです。しかし、いざ鳥が卵を産もうとしてもまわりの気温が低いために体が冷えてしまい、結果、卵詰まりとなってしまう傾向にあります。

鳥の体は寒さを感じると交感神経が優位となり体温を保持しようとします。しかし、産卵には副交感神経が優位となって体がリラックスしないと産道が緩みません。だからといって体が冷えないようにと飼い主さんが常に保温をすると、結果として発情を促し産卵に至ります。温度のバランスは難しい問題ですが、冬は体調を崩さない程度の温度を維持するのが理想的です。

温度管理と食事制限が一番の予防策

発情傾向が見られたら、鳥のおなかを触って卵ができていないかを確認しましょう。卵ができていたら、産卵に備えて保温をしっかりと行います。

もちろん、食事制限が適切にできていれば、温かい環境でも発情しなくなることもあります。ふだんから、食事量と体重のチェックを欠かさずに行いましょう。

病気

卵詰まりに油は効かない

卵詰まりのときにオリーブ油を浣腸すると産卵するという情報があります。しかしこれに効果はありません。産卵できないのは産道が緩んでいないからであって、油を浣腸しても卵管内に入って潤滑されることはありません。卵詰まりのときに家でできることは保温です。病院に行くまでは脚が温かくなるまで保温しましょう。

油を使っても卵管の潤滑にはならない

古い鳥の飼育書には、卵詰まりの際には、砂糖水にブドウ酒を1滴たらしたものを飲ませ、オリーブ油かヒマシ油を浣腸すると産卵するという記述があります。鳥にアルコールを飲ませること自体が推奨できませんが、油を浣腸しても卵を産卵させることはできません。

卵詰まりは、産道である卵管膣部、卵管口、排泄孔が緩まないために起こるものです。特に卵管口が緩んでいなければ、油が卵管内に入り潤滑されることはありません。そのため排泄孔から油を注入しても、総排泄腔内に入っただけでそのまま出てきてしまいます。鳥の羽毛が油で汚れるだけの結果となるため、やらないようにしましょう。

卵詰まりの際に自宅でできることは保温です。趾が温かいかどうかで保温ができているかを確認しましょう。

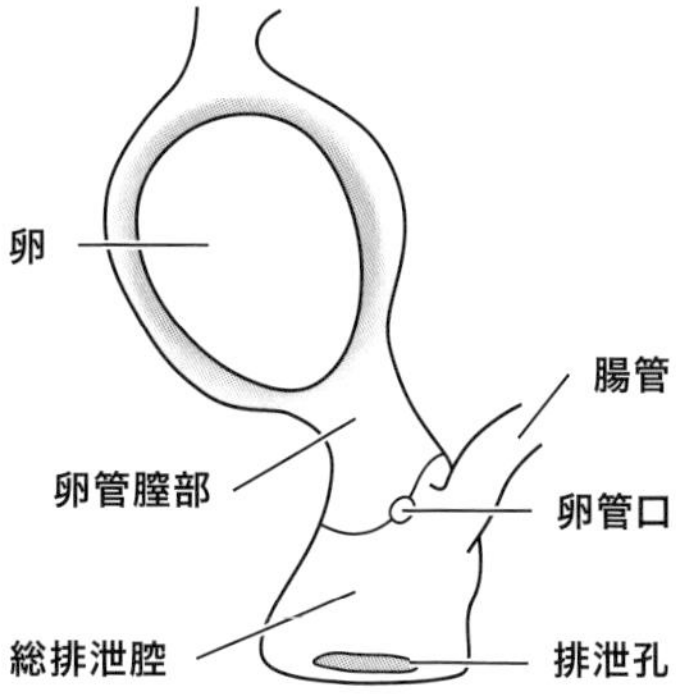

病気

腹壁ヘルニア

腹壁ヘルニアは、発症してもしばらくは元気なため、病院で様子を見ましょうと言われることが多いです。画像は様子を見ていて腹壁ヘルニアが悪化してしまったセキセイインコのレントゲンです。ここまで悪化してから紹介される例が後を絶ちません。腹壁ヘルニアは、早めに手術で治すことをおすすめします。

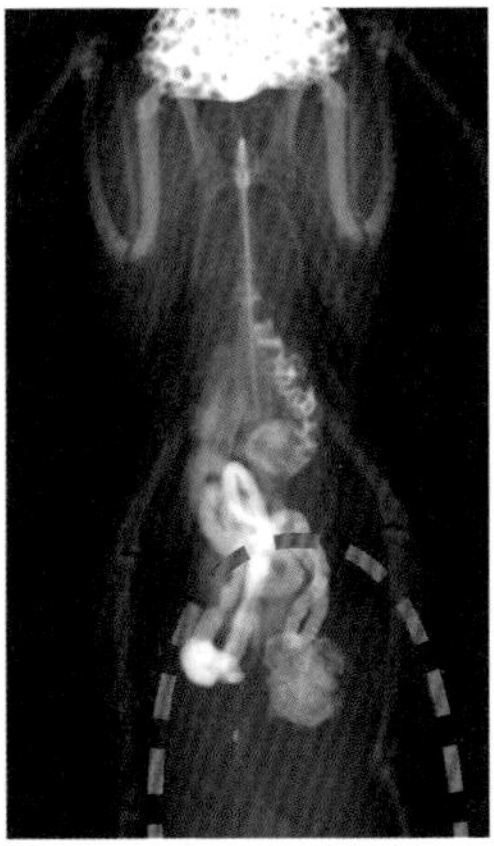

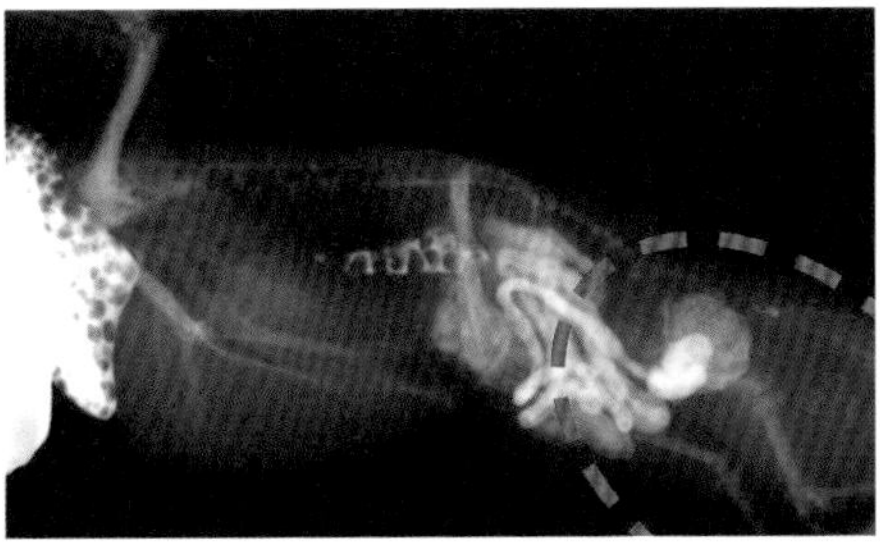

腹壁ヘルニアのレントゲン。点線で囲ったところがヘルニア部分。体内でも大部分を占めていることが見てわかる。

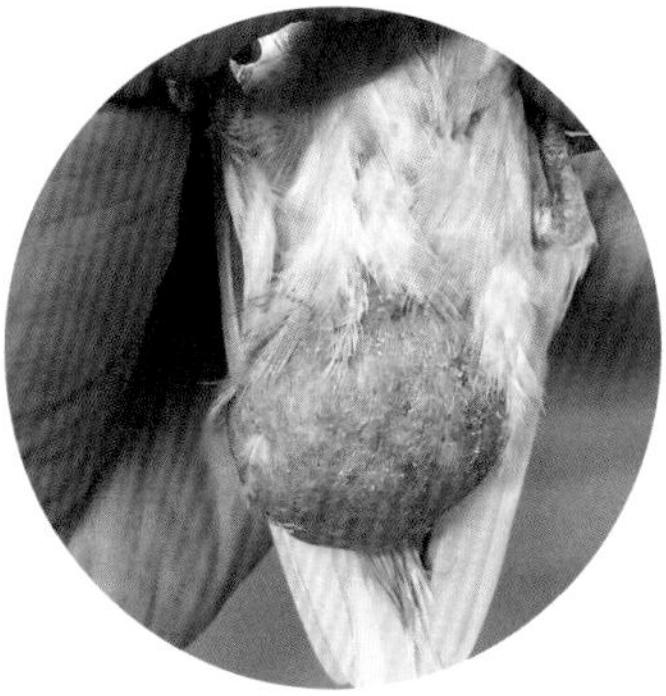

腹壁ヘルニアの様子。内臓が腹壁の中に飛び出している状態。

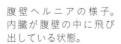

異様なおなかが目立つ特徴的な病気

腹壁ヘルニアは、腹筋が断裂してヘルニア輪を形成し、内臓が腹腔外へ脱出した状態です。腸と卵管は、腸管腹膜腔に収められているため、ヘルニア形成時には、断裂した腹筋から肝後中隔によって形成されたヘルニア嚢《のう》に包まれた状態で皮下に腸や卵管が脱出しています。

腹壁ヘルニアを起こす原因は慢性発情です。卵のために腹筋が緩んで薄くなり、その状態が持続することで腹筋が断裂すると考えられています。発情していると腹壁が緩みやすいため、産卵経験がなくてもヘルニアになります。腹壁ヘルニアを起こすのは主にセキセイインコのメスですが、オカメインコ、コザクラインコ、ボタンインコ、文鳥にもみられます。

初期はおなかが少し出ている程度ですが、進行すると腹部が大きく突出し、ヘルニア部分の皮膚がキサントーマ（黄色腫）で黄色くなります。大きなおなかの見た目に反して、合併症がなければ生活や食欲に問題はありません。腹壁ヘルニアを起こしていても、生殖器が正常な場合は、産卵することも多くあります。しかし、卵管がヘルニア内に入り込んでいたり、腹筋の断裂によっていきむことができないと卵詰まりを起こすことがあります。

ヘルニアが小さいうちに手術で早期治療を

腹壁ヘルニアは中等度の大きさまでは、手術で比較的低リスクで治すことができます。病院によってはヘルニアは押せばおなかの中に戻るから、手術しなくても日常生活を送れるということもあるようです。しかし、腹腔外に脱出した腸は徐々に太くなることが多く、ある日突然おなかの中に戻らなくなります。また卵黄性腹膜炎を併発すると腹壁と腸の癒着が起こり、おなかに腸を戻すのが困難になります。さらにヘルニア嚢を形成する皮膚のキサントーマがひどくなると皮膚に厚みが出て、手術の際に出血しやすくなります。

様子を見た結果、ヘルニアが悪化してしまい、おなかが大きくなりすぎて手術リスクが高くなった状態で、筆者の病院に紹介される例が少なくありません。腹壁ヘルニアと診断されたら、早めに手術を受けることをおすすめします。手術ができない病院の場合は、早めにセカンドオピニオン（116ページ参照）を受けましょう。

痛風

痛風は尿酸が体の中に増え、それが結晶になって関節にたまり、激しい痛みを伴う病気です。鳥の痛風の原因は腎不全です。老齢やビタミンA不足、メスの慢性発情、肥満、運動不足などが原因となりやすいです。

痛風のボタンインコの趾です。白いところが痛風結節です。発症してから、毎週点滴と電位治療に通って、1年半も維持しています。痛風は発症初期は痛いですが、進行してくると痛みが軽減し、鎮痛剤でコントロールできることが多いです。

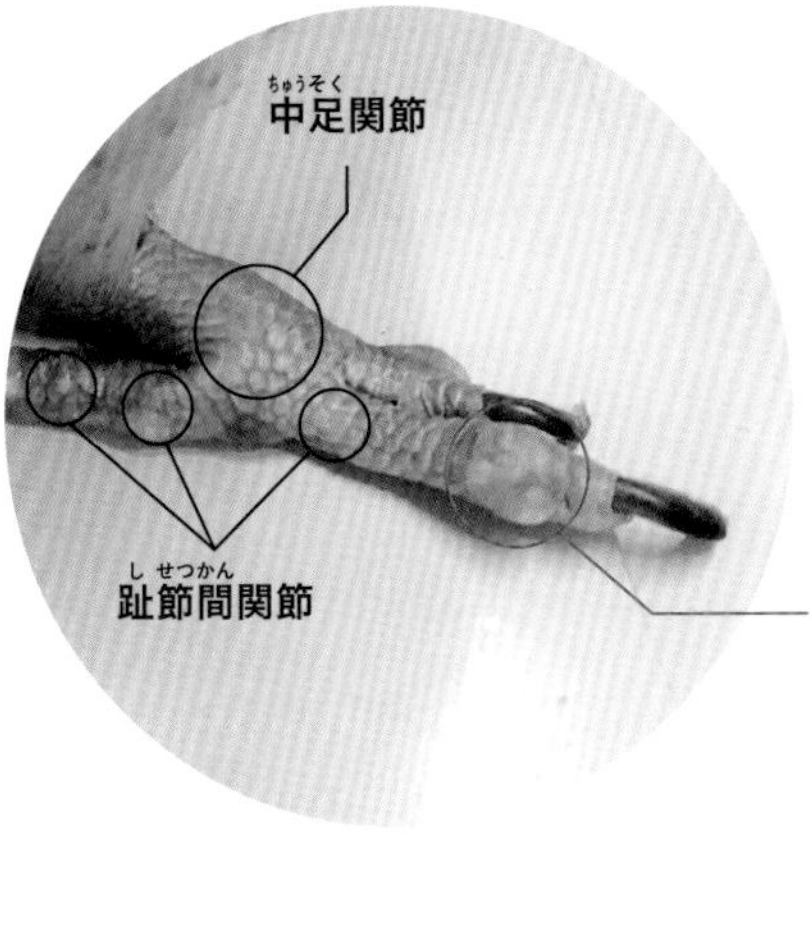

趾節間関節のところが白くふくらみ、痛風結節になっている。

鳥の痛風は腎不全が引き起こす病気

人の痛風は、遺伝的に尿酸が過剰生成、もしくは腎臓からの排泄不全や肉・ビールなどのプリン体を多く含む食品の摂りすぎによって血液中の尿酸が増えることで起こる病気です。同じ病名ですが、鳥の痛風は人の病気とは発症機序が異なります。

人はタンパク質に含まれる窒素の最終生成物が尿素ですが、鳥の場合は尿酸であり、これを腎臓から排泄しています。つまり鳥の痛風は、腎不全を起こすことで尿酸が排泄できなくなり、血液中の尿酸値が上昇することで発症するのです。しかし腎臓の80～90％以上が機能不全になるまでは発症しません。発症すると尿酸が結晶化して関節に蓄積し、痛風結節と呼ばれる白～黄白色の膨らみができます。これを関節痛風といいます。

関節に尿酸が蓄積すると組織が急激に膨らんで炎症を起こすため、激しい痛みが生じます。鳥の痛風は発症すると進行が早いです。日々結節が大きくなり、趾節間関節《しせつかんかんせつ》と中足関節《ちゅうそくかんせつ》が硬化して趾を曲げることができなくなります。

鳥の痛風には、もう1つ内臓痛風があります。これは尿酸結晶が腹膜や心嚢に沈着する病気で、発症すると急死することが多いです。

鳥の腎不全は治療することができないため、必然的に痛風を治すことはできません。このため治療は、痛風の進行を遅らせる目的で尿酸合成阻害剤を用います。また疼痛を緩和するために鎮痛剤の投与も行います。

痛風について

［症状］

趾節間関節、中足関節、足根関節に白～黄白色の膨らみ。

［診断］

特徴的な症状により診断を行う。血液検査により尿酸値が上昇する。

［治療］

- 尿酸合成阻害剤の投与
- 鎮痛剤の投与（痛みの緩和）

趾《し》瘤《りゅう》症

エサ箱の縁などにずっと止まっていると趾瘤症になることがあります。この場合はエサ箱の変更とともに止まり木も工夫をすると趾の改善に役立ちます。自然木は趾瘤症治療や予防のほか、かじることによるエンリッチメントにも繋がります。既存の止まり木に保護テープを巻くのも趾瘤症改善に有効です。

鳥の趾もタコができる

趾瘤症はバンブルフットともいい、足趾《そくし》が腫れる病気で、人でいうタコやウオノメのことです。原因は、足趾への負重が分散せずに一か所に集中することで起こります。足趾の一部の角質が硬くなり盛り上がります。炎症がひどくなると肉芽が形成され、それが徐々に硬い組織に置き換えられて足趾が太くなってしまうこともあります。褥瘡《じょくそう》になり皮膚の一部が壊死すると感染して膿がたまることもあります。

趾瘤症の原因は、肥満・趾に合わない太さの止まり木・固い止まり木・エサ箱の縁のような細い部分に止まるクセなどがあります。趾瘤症の治療は、消炎剤が主ですが、感染があれば抗生物質を使います。肥満の場合は食事制限と運動による減量を行います。趾の負担を取ることも重要で、適切な太さの止まり木への変更、止まり木に伸縮包帯を巻く、自然木を使うなどの環境改善が必要です。

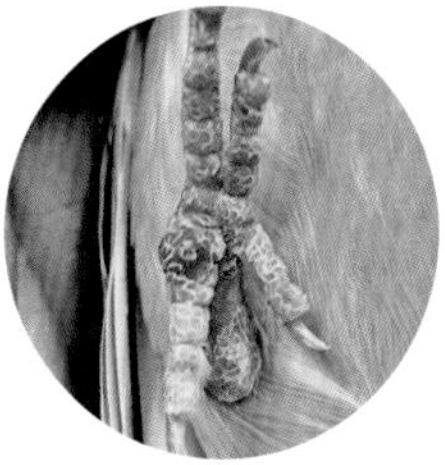

セキセイインコの趾の裏にできた趾瘤症。肥満による体重過多が原因。

鳥を手で持つと体温を奪うという説がありますが、そんなことはありません。鳥の羽がなく直接皮膚に手が当たっていれば体温を奪いますが、羽が空気層をつくっているため、人の熱は直接伝わりません。実際に鳥を触っても体温が40℃もあるようには感じません。断熱されているのです。人を頼ってきた鳥を手で持つときは

手で鳥の体温の放熱を防ぐことで温めることができます。人の安静時の手の平均温度は約32℃（※）です。部屋を温めて鳥をやさしく手で包んであげることで鳥周囲の空気の温度が30℃程度になれば十分に温かいです。抱きしめられたときには心も温かくなります。弱っているときは心細くならないよう寄り添いましょう。

鳥は花粉症にはなりません。花粉症だけでなく鳥が食物アレルギーや喘息、アレルギー性皮膚炎などのアレルギー疾患になることは極めて稀で筆者は見たことがありません。そのため鳥がくしゃみや咳をしたり、過剰に羽づくろいしてかゆがっているように見えてもアレルギーが原因になっていることはありません。

※人の手は深部体温ほど高くなく、環境温度にもよる。平熱よりは低いとされている。

金属中毒

鉛誤食の最も多い原因はカーテンのバランスウェイトです。多くのカーテンに使われているので、カーテンの縁を調べてみてください。中に織り込まれているなら取り除いておくことをおすすめします。鉛中毒を起こした場合は、食欲廃絶、嘔吐、食滞、沈うつ、けいれん、脚の強直性麻痺などの症状が見られます。

左の写真は鉛中毒症のオカメインコの排泄物です。濃緑色便の他に尿酸がピンク色になっています。鉛によって溶血が起こり、このときに出た多量の血色素が肝臓で処理され多量のビリベルジンが胆汁内に排泄されるので便が濃緑色になります。そして赤い血色素が腎臓から排泄されると尿酸がピンク色になります。

家庭内の事故はカーテンウェイトが多い

一般家庭で鳥に起こる中毒症で最も多いのが重金属中毒症です。そのなかでも多いのが鉛中毒症で、一番の原因はカーテンの揺れを防ぐためのカーテンウェイトです。一般的なカーテンの床に接触する側の縁に縫い込まれています。ごく小さなおもりですが、放鳥時にカーテンウェイトを見つけておもちゃにしてしまう鳥があとを絶ちません。一度見つけると、嘴で布をほじって中の鉛をかじり、飲み込んでしまいます。家中のカーテンウェイトをきちんとチェックし、取り外しておくと安心です。

そのほかに鉛が含まれているものは、釣りのおもり、バッテリーの電極、ハンダ、ガラス・セラミック製電子部品、クリスタルガラス、ステンドグラス、シャンデリア、ワインボトルキャップ、ゴルフクラブウェイト、テニスラケットウェイト、防音・制振シートなどがあります。

鳥は嘴で鉛をかじって摂取します。このため、中毒症を起こすのはインコ・オウム類であり、フィンチ類が起こすのは稀です。

金属中毒の症状・診断・治療

鉛を摂取すると、胃内で少しずつ溶解して吸収し、血液中に入ります。その後、全身の臓器へと運ばれ、胃腸粘膜上皮の壊死、溶血（赤血球が壊れること）、骨髄抑制、脳浮腫などを引き起こします。これにより食欲低下、嘔吐、貧血、下血、血尿、濃緑色便、緑色からピンク色の尿酸、けいれん、脚や趾の麻痺が起こります。

診断は、特徴的な症状とレントゲン検査で行います。レントゲンでそ嚢《のう》や胃内に金属片が確認できます。確定診断には血液中の鉛濃度の測定が必要ですが、採血が必要になるため、通常は積極的には行いません。

治療はほとんどの場合は入院が必要です。脱水改善のための皮下補液、消化器機能改善薬による胃腸ぜん動の回復、金属キレート剤・解毒剤の投与を行います。中毒症状が早期に改善すれば内科治療で回復しますが、金属が排泄されない場合には筋胃切開術によって金属片を外科的に摘出することもあります。

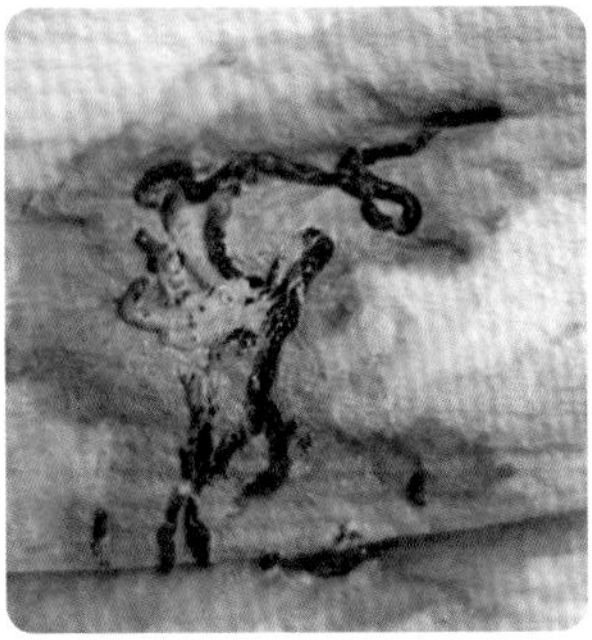

鉛中毒症のオカメインコの排泄物。

吸入事故

鳥の吸入事故は２つあります。１つは吸入した物質による肺水腫が起こす呼吸困難です。調理関連や有機溶剤で起こります。もう１つは有毒ガスによる中毒で、主に殺虫剤で起こります。料理中は煙や匂いに注意する・塗装がある場合は閉め切り空気清浄機を使う・有機溶媒、殺虫剤を同じ部屋で使わないを守りましょう。

多くの殺虫剤にはピレスロイドが使用されています。ピレスロイドには「選択毒性」という性質があり、昆虫類・両生類・爬虫類の神経細胞の受容体に作用する神経毒です。哺乳類・鳥類の受容体に対する選択毒性はないのでペットに安全と書かれています。しかし実際には殺虫スプレーやくん煙剤で鳥が中毒症状を起こすことがあります。鳥のいる空間のみならず、近くの部屋でも使わないようにしょう。

吸入事故の4大要因

①調理油の煙

調理油は200℃を超えると煙が出ます。この煙を鳥が吸うと吸入事故になります。調理後に具合が悪くなる場合は、油の煙が原因のことが多いです。

②テフロン加工のフライパンのガス

フッ素樹脂（通称テフロン）加工されたフライパンから生じる有毒ガスも吸入事故の原因です。フッ素樹脂は260℃を超えると劣化しはじめ、350℃以上になると分解されて有害ガスが発生します。通常の調理温度では有害ガスが発生することはほとんどありませんが、空焚きやフッ素樹脂加工調理器具をオーブンに入れるのがNGです。説明書の指示に従って使用前の空焚きを行った場合に有毒なガスが発生する事故が多くあります。

③油性塗料・工作用の接着剤 シールはがし剤

近年の外装塗装のほとんどは水性塗料になったものの、まれに油性塗料が使われることがあります。

空気中のあらゆる化学物質を取り込みやすい体

鳥の体は飛ぶ際に、筋肉へ急速に酸素を供給する必要があるため、非常に効率的な呼吸システムを持っています。鳥の呼吸器は酸素だけでなく、空気中のあらゆる化学物質を急速に吸収します。仮に人と同じ量の化学物質を吸ったとしても、人よりも体に吸収しやすいのです。このため、有毒なガスを吸って急性の中毒症状を起こしたり、肺や気嚢《のう》の障害を起こして呼吸不全に陥ります。

急性の吸入事故を起こす原因には、調理関連、塗装や工作、殺虫スプレーなどがあります。

吸入事故による症状は、大きく分けて2つです。1つは吸入した物質による刺激で肺水腫を起こす場合。体内の空気の流通が阻害されたり、酸素が取り入れられなくなることで呼吸困難が起こります。開口呼吸、呼吸促迫《そくはく》、湿性の呼吸音、チアノーゼが見られ、レントゲン検査で肺が白く写ります。治療は、酸素室に入れてステロイド剤や利尿剤で肺の浮腫が治まるのを待ちますが、完治するには時間がかかります。浮腫が早期に改善しない場合には助からないことが多いです。

2つめは有毒な成分を吸入することで起こる中毒症状です。けいれん、意識障害、脚の強直性麻痺、嘔吐、呼吸促迫などが見られます。中毒の治療は、皮下補液と症状に合わせた対症療法になります。中毒が早期に改善されないと多臓器不全を起こして助からないことが多いので、飼育環境には十分な注意が必要です。

油性塗料には有機溶剤が含まれており、シンナー臭が特徴です。工作やプラモデルで使用する接着剤、シール剥がし剤、ネイル用材にも有機溶媒が含まれています。

④殺虫スプレー

殺虫剤の有効成分は、ピレスロイド系、有機リン系、カーバメート系などがありますが、現在の殺虫剤の90%以上はピレスロイド系の成分が使用されています。蚊取り線香の有効成分もピレスロイドです。ピレスロイドには「選択毒性」という性質があり、昆虫類・両生類・爬虫類の神経細胞の受容体に作用する神経毒です。ヒト・哺乳類・鳥類の受容体に対する選択毒性はないので、安全性の高い殺虫剤であると言われています。

しかし殺虫スプレーを直接鳥にかけることで中毒症状を起こすことがあります。実際に鳥がかゆがっているためダニがいると思い、鳥用の殺虫スプレーを使用したにもかかわらず、直接かけたことで中毒を起こす例がありました。

ピレスロイド系の中には、ヒトや哺乳類でも過剰に吸入すると、中毒症状を起こすものもあります。

熱傷《ねっしょう》

鳥が火にかけた鍋や熱いうどんに飛び込む事故があります。小型の鳥ほど広範囲で重症度の高い熱傷を起こします。これは熱湯が口から頸部、胸部、腹部、脚部に浸かってしまうからです。鳥は皮膚が薄く、特に趾は骨と皮しかないため壊死しやすいです。料理中や食事中は放鳥しないようにしましょう。

不慮の事故は注意することで防げる

家庭で起こりうる鳥の事故のなかでも、熱傷は最も痛みが長引き、治るのに時間がかかる病気です。体が小さいので体表に対する熱傷の範囲の割合が大きくなりやすく、皮膚も薄いため、重症度が高くなります。熱傷は深度によって左ページの図のように分類されています。

熱傷は人が気をつけていれば防ぐことができます。死にいたることもあり、重大な事故につながりかねません。料理中や食事中、入れたてのお茶やコーヒー、石油ストーブ、電気ポット、炊飯器、アイロンなどの熱を発する機械を使用する際は常に注意してください。

治療は皮膚の炎症止めと感染を予防するために抗生物質の投与を行い皮膚の再生を待ちます。趾の熱傷の場合は、Ⅲ度熱傷を起こしやすく皮膚の再生に時間がかかるため、乾燥すると趾が壊死してしまうことがあります。乾燥を防ぐために湿潤療法（※）を行うこともあります。熱傷の範囲が広いと助からないことがあります。

※湿潤療法……患部を乾燥させる従来の治療法とは異なり、創傷被覆材で患部を覆い湿潤した状態を保つ治療法。趾は組織が少ないため、乾燥することで血流障害が起こると壊死してしまうことがある。患部を湿潤させておくことで、患部が硬く萎縮することを防ぐ治療法。

熱傷の深度別分類

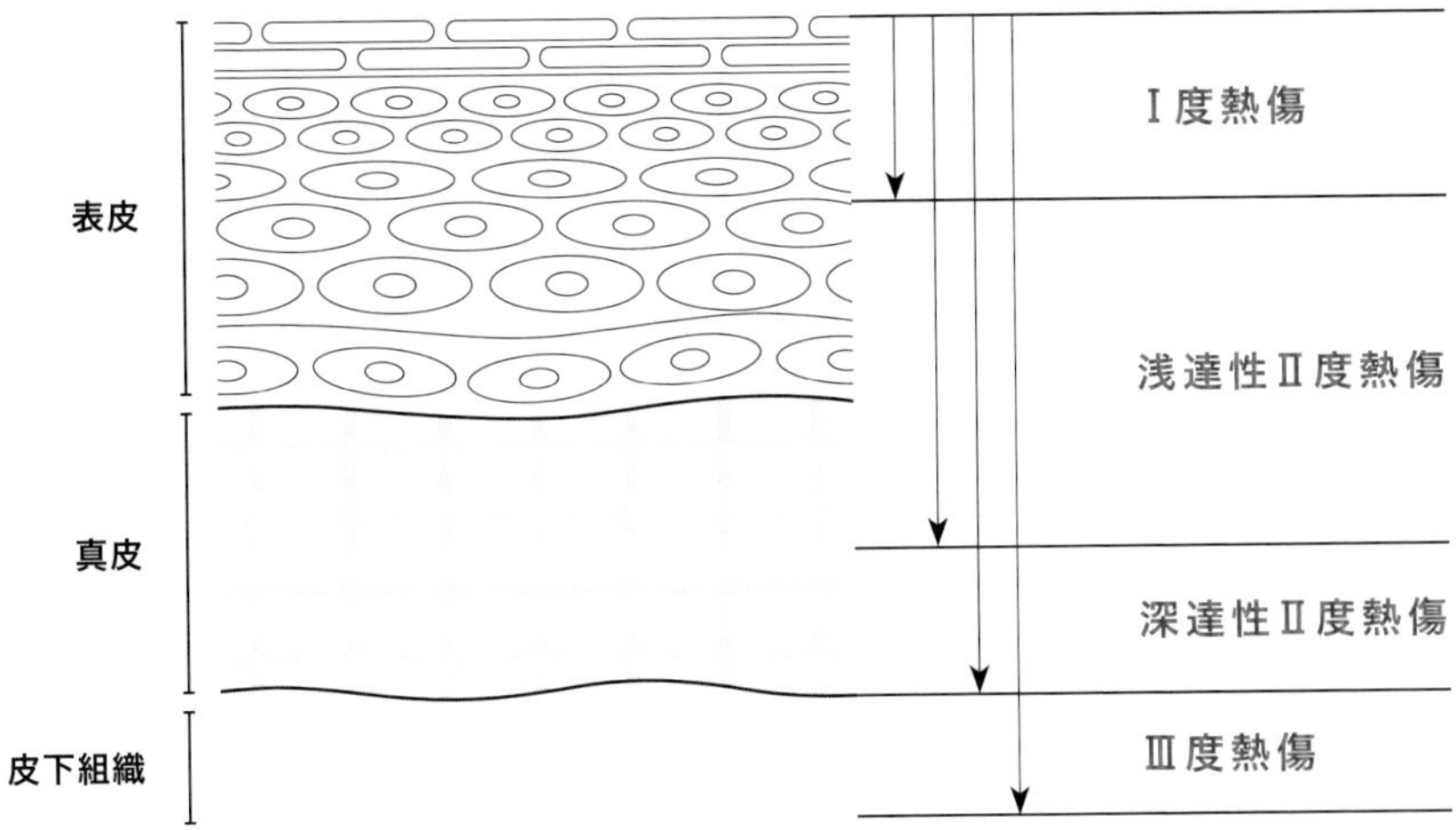

Ⅰ度熱傷

軽度の熱傷で、表皮のみが損傷を受けた場合です。軽度の赤みや腫れが見られますが、早期に改善します。一瞬だけ熱いものに触ってしまった場合などに起こります。

浅達性Ⅱ度熱傷

表皮～真皮浅層が損傷を受けた場合です。Ⅰ度に比べて明らかな赤みや腫れが見られ、熱損傷を受けてから24時間以内に赤い水疱や浮腫ができ、痛みを伴います。完治には２～３週間かかります。

深達性Ⅱ度熱傷

表皮～真皮深層まで損傷を受けた場合です。真皮の深くまで損傷を受けると、重度に赤く腫れあがり、白濁色の水疱ができることもあります。知覚が鈍くなるため、当初は痛みを感じないこともありますが、徐々に痛みがでてきます。完治までには３～４週間かかります。

Ⅲ度熱傷

皮膚全層、またはそれより深くまで損傷を受けた場合です。Ⅲ度熱傷になると、患部表面が壊死した組織に覆われ、皮膚は白色または黄褐色から徐々に壊死して黒色になります。神経を損傷するため知覚は機能しなくなり、当初は痛がる様子を見せませんが、治癒過程で強く痛がり出すことが多いです。熱傷の場所にもよりますが、完治までに１か月以上かかります。羽に浸み込んだお湯によって熱損傷が長くなった場合や熱湯に脚が入ってしまった場合に起こります。熱傷の範囲が広く重症度が高いと助からないことが多いです。

低温熱傷《ねっしょう》

コザクラインコは低温熱傷しやすいので注意しましょう。画像はカイロに乗っていて左の第１趾を低温熱傷してしまったコザクラインコです。コザクラインコは熱傷するまでヒーターの上に乗り続けてしまうことが多いので、ヒーターはワット数の高い物をケージの外に設置し、サーモスタットを使用するのが安全です。

低温熱傷も大ケガになる

低温熱傷は、体温より少し高めの温度（44〜50℃）のものに長時間触れ続けると起こります。触れていた時間や期間によりますが、低温だから軽傷というわけではなく、前ページで紹介したⅠ〜Ⅲ度の熱傷になります。

低温熱傷はコザクラインコの趾に起こることがよくあります。趾を痛がってかばっている様子で発覚することが多いです。熱いものの上で動けなくなって起こるわけではないので、コザクラインコは軽度の痛みには鈍感なのかもしれませんが、なぜ逃げないのか正確な理由はわかりません。

ただし、低温熱傷はもちろんほかの鳥種でも起こります。低温熱傷を起こすのは使い捨てカイロのほか、20Wのペットヒーターです。20Wのペットヒーターは触っても熱くありませんが、直接上に乗っていると足の低温熱傷を起こします。ケージ内で20Wのペットヒーターを使う場合には、上に乗れないようにカバーを必ずするか、もっとワット数の高いものを使用して、ケージの外から保温をし、鳥が触れないようにしましょう。

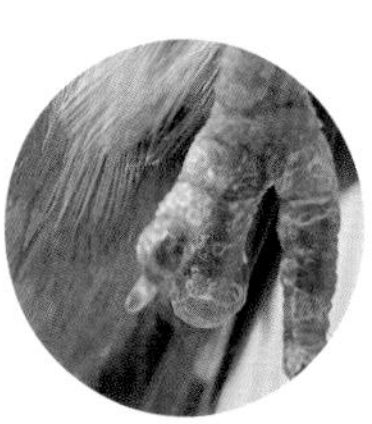

低温熱傷になった
コザクラインコの趾。

INDEX

鳥種別INDEX

単語別INDEX

海老沢 和荘　Kazumasa Ebisawa

横浜小鳥の病院院長。鳥専門病院での臨床研修を経て、1997年にインコ・オウム・フィンチの専門病院を開院。鳥類臨床研究会顧問、日本獣医エキゾチック動物学会、日本獣医学会、Association of Avian Veterinarians所属。

著書に『文鳥のヒミツ』（グラフィック社）ほか多数。

2020年からTwitterで鳥の飼育・医学情報を発信。多くの飼い主さんから支持を得ている。


X（Twitter）@kazuebisawa

イラスト　BIRDSTORY
曽根田栄夫（ソネタフィニッシュワーク）
ブックデザイン　黒須直樹
編　集　荻生　彩（グラフィック社）

鳥のお医者さんのためになるつぶやき集

2021年10月25日　初版第1刷発行
2024年4月25日　初版第5刷発行

著　者　海老沢和荘
発行者　西川正伸
発行所　株式会社グラフィック社
〒102-0073
東京都千代田区九段北1－14－17
TEL 03-3263-4318（代表）　FAX03-3263-5297
https://www.graphicsha.co.jp/
印刷・製本　図書印刷株式会社

ISBN 978-4-7661-3604-3　C0076